一起到綠色餐廳吃頓飯！

在地友善食材╳溫暖節令料理，
跟著番紅花走訪全台22家風土餐廳

番紅花・著

綠色餐廳 Q&A

文／綠媒體

Q 綠色餐廳是否只供應蔬食？

A 綠色餐廳葷、素皆有哦！只不過肉類所產生的碳足跡相對植物來得高，所以有意識想降低食物碳足跡的綠色餐廳，對於蔬食餐點的開發與設計也會非常用心而精采，也有一些綠色餐廳只提供蔬食。

Q 綠色餐廳的料理，會否因強調綠色而風味不足或單調呢？

A 綠色餐廳不僅追求健康與美味，且勇於嘗試各式各樣的料理手法，口味其實比一般餐廳多元。最大的不同在於，綠色餐廳使用相對優質安心的有機友善食材，以及無添加化學的調味品，並盡可能呈現食物的原型，風味自然而飽滿，一點也不單調。

Q 大量使用有機和友善食材的綠色餐廳，會不會很貴呢？

A 「綠色餐廳」的涵蓋面很廣，有高級精緻的餐廳，也有親民的早餐店、療癒咖啡廳或時尚餐酒館，價位則取決於餐廳類型與食物類別而有不同。相較於一般餐廳，綠色餐廳有可能因為使用較好的食材與環保經營，而反映部分成本到售價上。但請放心，絕大多數的綠色餐廳，一般人也能無壓力享用。

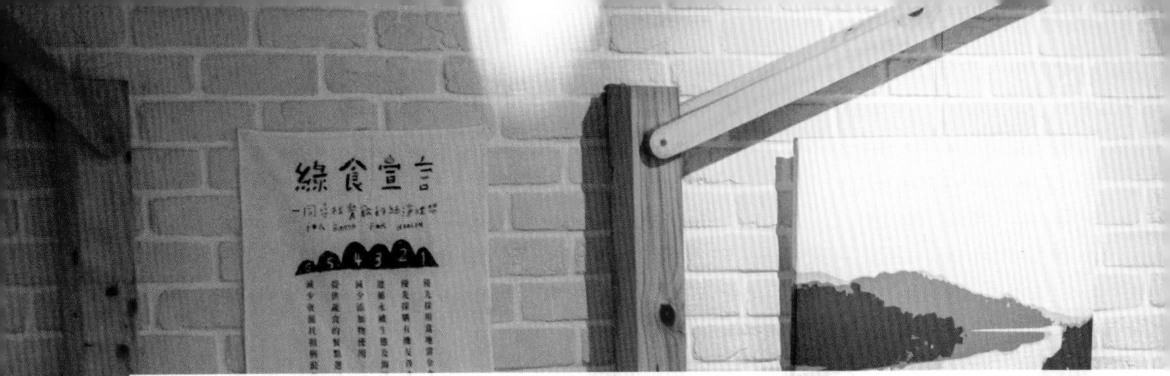

Q 台灣綠色餐廳需具備哪些條件，與全球同步接軌呢？

A 綠色餐廳最簡單的定義就是——「趨近低環境成本的餐飲經營模式」。所以綠色餐廳會選用對土壤與生態相對友善的有機食材，或是在加工過程中堅持無添加。此外，根據《綠色餐飲指南》的建議，綠色餐廳應遵守並承諾六項「綠食宣言」：優先採用當地當令食材、優先採用有機友善食材、遵循永續生態及海洋原則、減少添加物使用、提供蔬食餐點選項、減少資源耗損與浪費，且於網路平台揭露食材來源，並接受不定期訪談與稽核。未來，台灣也有機會引進英國永續餐廳協會（SRA）的綠色餐廳認證體系，讓台灣的綠色餐廳能進一步加入全球綠色餐廳的行列角逐相關獎項。

／綠色餐飲指南　　／永續餐廳協會

Q 綠色餐廳使用的食材與調理用品，一般人容易取得嗎？

A 綠色餐廳使用的食材與用品一點都不難取得喔！相反地，因為餐廳食材自主揭露的透明機制，消費者可以根據每家餐廳揭露的資訊，自行前往通路市場採買或向餐廳購買。更重要的是，綠色餐廳採用的食材與調理用品沒有任何隱密，店家都會樂意回答消費者的詢問，並推廣自家選用的好食材與好用品。

／綠色餐廳食材揭露平台

推薦序

在綠色餐廳，體現人與自然的永續關係

黃俊誠／綠色餐飲指南創辦人

每一個時代的浪潮下，究竟要倒下多少先烈，才能促成時代的交替。

而我們這一代人，究竟是幸或不幸，能夠親眼見證時代浪潮下這些綠色餐廳的堅持與辛酸血淚。我深深相信，我們會是推動食農與環境生態、趨近於永續平衡的末代，現在的辛苦有朝一日會變成普世價值，遍及所有的餐飲與農業。

這些散布全球的綠色餐廳，可以是走在時代前端的先知，也可以是先烈，這兩者之間的決定權，不在於這些綠色餐廳，而在於民眾是否認同這樣的核心價值，並願意開始改變消費習慣，讓綠色餐飲更加茁壯與蔓延開來。這些綠色餐廳已做出了他們的選擇，接下來，將由你我做出抉擇。

關於綠色餐飲的起初，從來都不是先有什麼遠大的夢想，或是什麼宏觀的戰略結構，更沒有高深的學術理論。所有的一切，都不過是因為自省人類在生存與追求極大利益下，造成對環境與生態的破壞後，從而興起的反思與行為。

《綠色餐飲指南》顧問林柏虎先生，曾精準地以文字詮釋了關於綠色餐飲這項運動：「環境永續與健康的綠色餐飲文化，真正需要的不是某一個人、一個名嘴、一個明星，這樣一個每天生活當中的日常，涉及到的是每一個人、每一個家庭、每一個生產者和錯綜複雜的產業生態鏈，更涉及到無數政治、經濟、社會、環境、文化層面的議題。

這個時代裡，我們真正需要的，會是一個由各方人馬共同集結的共同力量！就像是希臘眾神，不同的神、不同的性格與角色、不同的專長，卻能共同打造並豐富一個趨近低環境成本的農業與食品生態界。也許你在意的是食品安全，又也許你在意的是環境，無論如何，現在終於能有那麼一件事，讓我們僅僅只是一起吃飯，就能牽起彼此的手。這必將關乎餐飲的未來，更將關乎地球的未來。」

台灣，我們濃縮了歐洲綠色餐廳組織的八項承諾，轉化為台灣目前正在推動的六項綠食宣言。既為宣言，也意味著這是餐廳與民眾之間的對話與承諾，除了方便民眾透過宣言了解餐廳的核心價值外，也能藉由宣言旗的懸掛而擴散這樣的理念。

綠食宣言的六項分別為：

1 優先採用當地當令食材

2 優先採用有機友善食材
3 遵循永續生態及海洋原則
4 減少添加物使用
5 提供蔬食餐點選項
6 減少資源耗損與浪費

這樣溫和但堅定的改變，看似容易，但在大環境尚未形成綠色食農產業鏈時，綠色餐廳是要付出許多代價的，而這樣的代價，若沒有強烈的核心價值與韌性，很難持續地走下去，也因此有時我們看待綠色餐廳的角度除了夥伴關係外，也多了對勇士們的欽佩之意。

前人常說食農不分家，也因此本書作者番紅花在拜訪這些綠色餐廳的同時，常聽到綠色餐廳對農民與土地深厚的關懷，有些還會謙虛說不是料理手藝好，而強調是農民種出來的有機食材好。

但以我觀察綠色餐廳的情況來說，因為綠食宣言要求優先採用當地當令的食材，綠色餐廳的主廚反而在料理及食材的運用上挑戰更大，而無法一本菜單走天下。主廚的彈性要更大，創造力要更高，以利隨時接招農民因為氣候或環境等看上天吃飯而短缺的食材。也因為如此，綠色餐廳相對於一般餐廳，野菜或較不常見的食材，反而更容易出現在綠色餐廳的菜單上。如果你吃膩了千遍一律的燙青菜，綠色餐廳食材的豐富度常會讓你有更多的驚豔。

同時也因為要減少資源耗損與浪費，必須善盡全食物料理，主廚會開發出一些較不常吃到的食材部位，或是盡量採用市場不要的醜蔬果。植物不該用外觀的一致來分別美醜，如果一根胡蘿蔔是彎曲的，表示在往下生長的過程中它可能撞到了石頭，它沒有選擇停止生長讓自己只能是小小一棵，而是選擇轉彎繼續往下生長，這是生命力的展現。我不知道這樣的胡蘿蔔營養是否會比較高，但至少我知道，這胡蘿蔔比較聰明，懂得解決問題，而不是被環境給淹沒。這是農業裡的小故事，但何嘗也不是綠色餐飲願意走向另一條路的諸多感動之一。

也因為這樣的概念，有時一些難以規模化而無法成為經濟作物、農民自家限量的食材，反而能在綠色餐廳出現，所以時不時走動綠色餐廳，常會有發現隱藏版美食的意外之喜喔！

食物不光是滿足口腹之欲，對人體也有營養均衡攝取等該注意的，但隨著人類文明的進程與環境共存永續的意識抬頭，人類不光只是擔心異常氣候下的反撲，更重要的是每位地球公民都該深埋內心的飲食素養，而綠色餐廳，恰恰就是飲食素養的絕佳體現。

歡迎走訪本書中的餐廳，讓行程留點空，好好地與店家聊聊，除了享用美食，這些綠色餐廳創辦人往往臥虎藏龍，每個都是魅力十足、值得認識交往的美麗人們。

自序

探索
屬於綠色餐廳的朗朗星空

世界上有許多美好食材因為我們對它的陌生或不熟悉料理方式，而被我們棄置了。不久前，堅持以「友善水、土、環境」為水產養殖基本價值，而獲得神農獎的漁民邱經堯告訴我，他的虱目魚肚在市場上供不應求，虱目魚那麼大一條，大家只愛吃魚肚，但其實虱目魚肝也是營養和風味都很好的東西，然絕大多數的虱目魚肝，被當下雜處理，用心養魚的他，幾十年來看到魚肝始終沒能被好好享用，感到不捨又惋惜。

他問我是否能為長久以來不被重視的虱目魚肝，設計成美味可口的加工食品，讓虱目魚肝有翻身的機會，讓一整條的虱目魚都能被完全利用。

接到這個使命，我開始探究虱目魚肝的各種烹調可能，也因此品嚐到被好好保存的虱目魚肝，其原始滋味如此滑柔細緻，只需稍微加熱，以香料油漬，便佐酒極佳。我一邊試做一邊想，珍惜每一樣食材，妥善運用大地萬物資源，是我們打獵不易的老祖先的飲食基本原則，如今人類進入食物源源不絕的盛世，追求珍饈巧味，那些不方便的、不美的、不熟悉的食材部位，遂逐漸被我們任性浪費了。

像是羊排、羊里肌受美食愛好者喜戀，可羊頭去哪裡了呢？被取走魚卵做成烏魚子的成千上萬尾烏魚殼，最後何去何從？青花菜的花蕾球鮮甜脆，但它的綠葉清炒也好吃，卻往往被我們丟棄。冬季盛產的白蘿蔔，煮排骨湯或關東煮，都大受孩子歡迎，然風味十足的蘿蔔皮卻很少被我們食用。市場上很少看到長得不直的小黃瓜和紫茄，誰來告訴我們，那些也是農人心血的「規格外」蔬果最後的命運？

希望透過推動「惜食」的理念，鼓勵生產者和消費者「對大地友善」，讓好吃、愛吃的大家，也能同步支持環境保護，關懷土地永續。於是我參與了「綠媒體」團隊的寧靜綠色革命計畫，自二〇一九年開始，踏上台灣「綠色餐廳」（Sustainable Restaurant）的探索之旅，從北到南，盡可能把各地方縣市裡，關懷大自然生態和廚藝精湛的餐飲職人店家，一一採訪報導，讓所有對綠色美食有興趣的國內外讀者，透過我們誠摯的推薦，因緣認識這座小島上「綠色餐廳」的這家那家。

而評鑑「綠色餐廳」的首要標準是什麼呢？

在執著於理念之前，我認為「好吃」永遠是餐飲人的首要任務。當廚師透過烹調手法，完善傳達食物的美味，讓客人覺得「好吃」而願意回顧並將口碑傳出去，餐廳才有「永續經營」的可能與機會。因此，出現在這本書裡的每一家「綠色餐廳」，其料理水準都獲得我們的認可，「好吃」是無庸置疑的。

然而，在台灣想找各種級別的美味餐廳，坊間媒體與各種指南早已隨手可得；但若想要探訪的是採用有機友善食材、又健康美味的綠色餐廳，可就沒那麼容易了。不僅料理好吃，綠色餐廳還必須承諾以下六項國際上風起雲湧的綠色餐飲準則：

「優先採用當地當令食材，優先採用有機友善食材，遵循永續生態及海洋原則，減少添加物使用，提供蔬食餐點選項，減少資源損耗與浪費。」餐廳主廚追求「好吃」之際，也願意共同呼應這六項綠色宣言，是為了健康，也是為了保護地球與所有生物的未來。

如今我們都能改變幾十年來使用塑膠吸管喝飲料的生活習慣，讓塑膠吸管不再是海洋動物殺手，也不再是大地垃圾的沉重負擔，可見許多人願意透過飲食的另一種選擇，從日常生活中做些什麼，享受美食，也不造成破壞。

為了將台灣各角落致力追求「美味」和「永續」的餐廳，把他們的遠見與精湛廚藝，報導出來呈現在海內外關心土地與環境友善的讀者面前，這幾年我和綠媒體團隊的採訪足跡，從宜蘭的精釀啤酒小食堂、基隆八斗子小漁村的得獎生態漁夫鍋、坪林百年老屋的創意茶餐、台北百花齊放精采多元的各國風味料理，一路往南延伸到高雄南霸天的歐陸菜，和屏東小巷以小農當令食材所演繹的紐澳風格咖啡與鄉村甜點店……我們走得越遠，越認識到「綠色餐廳」在台灣餐飲職人的努力下，已然是一片溫柔朗朗的星空，這本書將指給你那一顆一顆的星星位於何方，等待您按圖索驥，去探索，去品嚐。

若您長期關注國際餐飲趨勢，或許注意到綠色餐廳的浪潮，席捲了許多美食薈萃的國際一級城市，「好吃」是必然是基本，但更多人開始期望，除了好吃，除了滿足感官的需求，同時也能不破壞環境、讓海洋永續、讓土地健康、讓動物不痛苦地活著、讓蜜蜂健康地飛著、讓蛋雞符合天性地走著、減少廢棄物與碳足跡、不浪費食材、提供客人蔬食的選擇。綠色餐廳每往前推進一步，就意味著有更多的生命被您我善待。

現在，就讓我為您娓娓道來每一趟尋味之旅中，關於綠色餐廳那些料理家與美食的故事吧。

目次

S.PELLEGRINO

高雄前鎮

LA ONE Café

法餐南霸天簡天才，充滿本土風華的歐陸料理

簡天才擎起了友善土地、
友善生物的火炬，
他永遠做得多、說得少，
讓我們在「享受吃」的同時，
也共同參與環境永續的寧靜革命。

從一片吐司窺見簡天才的追求

這兩年台灣烘焙界掀起了一股吐司風潮，看似平凡無奇的白吐司，突然成為架上的明星商品，炙手可熱程度從日本一路延燒到台灣。許多人在臉書上貼著排隊許久才買到的吐司麵包，白軟蓬鬆、形體高雅，輕抹一匙果醬，即顯不凡。

而我心中認為最完美最好吃的吐司，不全然在台北那些排隊名店，南方高雄LA ONE烘焙坊的「玉荷包蜂蜜吐司」，亦是我認定的最好吃之一。秉持簡天才師傅「追求在地特色食材」的料理精神，LA ONE 烘焙團隊嚴選高雄大樹區的當季鮮美玉荷包，和內門區高純度的「滿築頂級荔枝蜂蜜」為芳香味主體，並以法國 AOP 依思尼奶油帶出麵團的香氣與滑柔口感。

咬下去的每一口，都盈滿玉荷包荔枝的優雅芳甜滋味，扎實濃郁卻又清柔如雲，我忍不住在心中驚呼，被譽為「台灣法餐南霸天」的簡天才師傅，不僅法餐料理引人讚嘆，製作吐司的品味與功力也不遑多讓，這片吐司充滿土地風華與鄉村性格，從此吐司說的不再是他方他國的故事。

始終和農民站在一起的親切名廚

也許「法餐南霸天」的霸氣稱謂，可點出「THOMAS CHIEN 餐飲事業體」年營業額衝到一億五千萬的亮麗表現；然而傲人的不僅是營收，「THOMAS CHIEN」更連續在二〇一六和二〇一七年，獲法國外交部認證為「台灣最道地法菜餐廳」，且名列全國僅有的三家「頂級餐廳」之一。

但是，在中南部各縣市有機農夫與生態養殖戶的心裡，簡師傅才不是什麼職銜嚇人、遙遠高冷的南霸天，對他們而言，簡師傅就是一位罕見的真正關心環境永續和農漁民生存處境的廚神和採買者。

他不僅長期而穩定地採購本土四季蔬果與禽肉漁鮮，且將這些食材烹調成精緻高級的法式料理和輕鬆美味的歐陸餐盤，生產者無不認為自己的心血，如果能經簡師傅之手，幻化成可口的一道菜，無疑是一種被賞識、被尊重的幸福。他們會倍感光彩地跟別人說：「簡師傅的沙拉是用我種的水果呢！」、「LA ONE 的蝦子和烏魚子就是我養的唷！」

面對生產者發自內心的愛戴，簡天才卻謙遜認為，是「上乘食材」決定了他料理好壞的百分之七十，食材如果不夠好，就得花很多力氣去調整，決勝負的從來就是食材。因此，週末經常可在高雄微風市集看到簡師傅一麻袋一麻袋地採購攤位上的新鮮食材回店裡，那畫面已成為台灣有機界大家津津樂道的美談。

而有機食材的進貨價格與慣行相比，難免較高。簡師傅的經營之道卻不從食材來擠壓成本，他不把自己與土地上的生產者，站在比價和殺價的對立關係上，他認為餐飲業者和農漁民是同一條線上的合作夥伴，篤信「我採購得越多，有機農友就會種越多；有機農友一旦種越多，消費市場被激勵出來，有機價格就有機會更親民」。

在這樣的良善循環下，農友一旦有好東西，第一個想到的，就是供應給簡師傅旗下的餐廳和烘焙坊，也因此注定「THOMAS CHIEN 餐飲事業體」在食材上的絕對優勝位置。

令人無限回味的「在地」法菜

讓 LA ONE 老客人回味的餐點不少，像是「西班牙蒜香白蝦」連小朋友挑剔的舌頭都收服，剩下的醬汁拿來佐法國麵包，也讓難搞的孩子一口一口停不下來。

大小朋友皆讚不絕口的「西班牙蒜香白蝦」。

無視進口冷凍蝦便宜得多，簡天才多年來向「小欖仁花園精選水產」下訂單，來自高雄彌陀區的「無垢生態農法」養殖白蝦，獲生產履歷認證，肉質Q彈鮮甜，再加上新鮮大蒜和歐洲初榨橄欖油，就可以調和出香氣四溢的傳統西班牙風味。簡天才說這道菜惹味的祕密無他，就是要捨得採選養殖用心、冷鏈完善、大小和品質都上乘的蝦子，然後一定要用濃而不嗆的蒜頭！

而「法式功夫櫻桃鴨腿」，更讓愛吃鴨肉的高雄人，有了傳統台味之外的選擇。

簡師傅團隊選用來自花蓮玉里秀姑巒溪畔的櫻桃鴨，以粗鹽、月桂葉、茵陳蒿、黑胡椒等香料將鴨腿溫柔醃漬，把它浸泡在大量的鴨油中低溫慢煮；油封過後的鴨腿，肉質香嫩軟Q，取出後，只須中火慢煎或烤箱加熱，使鴨皮達到酥酥脆脆的美麗金黃色澤，再搭配炒蘑菇、馬鈴薯或麵包，便是

同屬簡師傅旗下的綠色餐廳——LA ONE Kitchen 新菜色「奶油明太子與菌菇義大利麵」
（LA ONE Kitchen 提供）

同屬簡師傅旗下的綠色餐廳——LA ONE Kitchen 新菜色「鯷魚風味炒小卷與法式燉菜」
（LA ONE Kitchen 提供）

道地的傳統法國佳餚。

對有機蔬菜特別有愛的客人，必然不能錯過簡師傅這盤「Q梅鹹鴨蛋鮮蝦沙拉」，鹹鴨蛋、鮮蝦、Q梅的結合堪稱獨創，大膽玩出南國高雄才能揮灑出的沙拉特色，不僅蔬味與鮮味完美融合，且配色繽紛、酸甜有韻。

Q梅的有機梅子園位於那瑪夏海拔九百公尺山區，林明賢以自然農法悉心照料山上梅樹，成為愛梅者每年春天的期待；而鹹鴨蛋也不含糊，生產者來自屏東鹽埔的「廣大利」，廣大利延續本土四百年蛋品加工的傳統製作，不添加防腐劑、保鮮水及消毒水等化學用品，無鉛、無汙染的製作條件，使其鹹蛋黃成為國內第一品牌，自然成為 LA ONE 的首選。

雖然可能會是國內價位最高的鹹鴨蛋，但簡天才念茲在茲的，是食品風味和食品安全。我想，如果世界上有「國際沙

簡師傅曾多次邀請米其林主廚來台，此為 2017 年團隊與米其林主廚合影。（簡天才提供）

拉大賽」，那麼「Q梅鹹鴨蛋鮮蝦沙拉」肯定可以代表台灣出去比賽拿冠軍了。

年輕時因為和食材達人徐仲一起參訪義大利慢食運動而大受感動的簡天才，從此一路走向以綠食材成為料理靈魂的廚師與餐飲經營者。何止是南霸天，如今全國北中南都有簡師傅的支持者，透過網路宅配服務，訂購 LA ONE 的鮮果醬、即時生鮮、歐陸湯品和吐司餐包等等。

而我呢，則是最愛在週末午後沖一壺熱茶，佐一塊 LA ONE 的「鳳梨費南雪」。八卦山的土鳳梨，偏酸、微甜多層次，讓法式甜點有著東方與西方的美好交會。

是簡天才擎起了友善土地、友善生物的火炬，讓我們在「享受吃」的同時，也共同參與環境永續的寧靜革命，他永遠做得多、說得少。總之，多說無益，去 LA ONE 好好吃頓飯就對了！

番紅花今日菜單

（菜單將會不定時變換，以當日、當季餐廳呈現為主）

白酒蒸蛤蠣

肉質飽滿的台南七股生態養殖黑金文蛤，揉合洋蔥、奶油、香草油與白酒一同蒸煮，帶著濃郁奶香與酒香的蛤蠣入口，滋味鮮美極了！

西班牙蒜香白蝦

西班牙經典菜色 Tapas，以蒜片橄欖油油燜式作法，釋放蒜味及海鮮香氣，滿載滋味的橄欖油更是最佳麵包沾醬，每一口都是直抵人心的鮮美。

法式功夫櫻桃鴨腿

以粗鹽與月桂葉、茵陳蒿、黑胡椒等香料醃漬，浸泡在鴨油中低溫慢煮；油封過的鴨腿肉質香嫩。只需煎或烤加熱，使鴨皮呈現酥脆狀態。

巴沙米可風味鮮蔬烤豬肋排

低溫烹熟至七分的豬肋排，搭襯巴沙米可醋香烤上桌，軟嫩肉質添上經典香韻最相宜，增鮮提味，讓您好好大快朵頤！

Q 梅鹹鴨蛋鮮蝦沙拉

結合高雄那瑪夏 Q 梅與彌陀區生態鮮蝦、屏東鹽埔鹹鴨蛋，這道菜可說是簡師傅獨創的特色沙拉料理，將梅子的酸甜、蝦的鮮美與鴨蛋的鹹香揉和出嶄新滋味。

LA ONE Café ｜歐陸料理 · 咖啡輕食｜

高雄市前鎮區成功二路 11 號

07-536-3715

早餐 08:00~11:20　午餐 11:30~14:20　午茶 14:30~17:20　晚餐 17:30~21:30

Facebook：LAONE Café

★ 個別餐廳營業時間與訂位規則，請參考餐廳營業資訊

台北大同

陳耀訓・麵包埠 YOSHI BAKERY

每天追求「更好」，讓台北人瘋狂的麵包名店

我們早就知道拿下世界冠軍的陳耀訓，
當然很會做歐包，
但沒想到台北展店一出手，
他也獻出了經典台式復古麵包，
讓台包從此大復活，
擺脫掉老氣和夜市傳統印象，
成為時尚的另一種選擇。

在麵包路上奮戰不歇的神鵰俠侶

陳耀訓是超難訪的世界冠軍，在國際大賽舞台上經歷過嚴苛的磨練，面對諸多評審咄咄目光的極度高壓，也不影響他展現個人做麵包的完美技藝，如此精采的人生歷程依舊改變不了他不多言的個性，他心心念念的，是做出「更好的」麵包，而「更好的」這條路，沒有盡頭。所以儘管有張好看的臉加上大受好評的麵包手藝，縱使是鎂光燈下的媒體寵兒，但陳耀訓始終維持他的本性，始終做得多，說得少。

直到我發現這款奪下冠軍的「國家特

陳耀訓在世界麵包大賽的祥獅獻瑞裝飾麵包。
（「陳耀訓．麵包埠 YOSHI BAKERY」提供）

色麵包～莓香絮語」，其造型意象，明顯是隻可愛的獅子哪，在鹿港出生長大的他，以這隻「祥獅獻瑞」呈現童年的廟宇生活記憶，既生動又貼切。這創作吸引了我的目光，我問陳耀訓：「所以除了擅長做麵包，你也會畫畫？這隻獅子模型不好畫吧，把它運用在麵包上，實在很有故事感，難怪受國際評審青睞！」

聽到我由衷的讚嘆，一向話不多的阿耀師傅，眼睛突然亮了起來，他拿出手機滑啊滑，從數百張照片檔案裡找到當年的大賽隨手拍，那是一張堪比人高的「祥獅獻瑞」裝飾麵包照，是他的太太李新

惠和他的共同創作。新惠當時已是台北知名麵包店主廚，小時候曾經學過很長一段時間的紙黏土，烘焙在行、捏東捏西的手也很靈巧，她先設計出鹿港祥獅模型，陳耀訓再和參賽團隊成功將祥獅圖像與麵包完美結合，奪獎那一刻，太太在台下興奮得跳起來。

我想，那不只是麵包啊，那是一對在麵包路上奮戰不歇的神鵰俠侶……

從此「莓香絮語」成為陳耀訓麵包埠的經典明星商品，地位類似你第一次到鼎泰豐總得先點個小籠包來嚐嚐。令國際評審大為驚豔的「莓香絮語」，採用苗栗大湖農會所生產的草莓酒和草莓果乾，再將果乾浸漬於酒中，讓草莓的酸甜香三韻更加深沉，經十二小時長時間發酵種的麵團，除了覆盆子，又揉和台灣的乾燥玫瑰花瓣，於是水果、花朵、酒與麵團，經過幾百幾千次的實驗、試做，終於在陳耀訓的手裡，和諧地譜唱出一首動聽的歌。

「台味麵包」的時尚大復活

創作時，陳耀訓心裡始終放著家鄉，這也反映在店名「陳耀訓．麵包埠 YOSHI BAKERY」。「埠」即港口，也意示著家鄉鹿港，並隱喻著讓他的麵包帶大家去旅行，品嚐世界各地的美味；而日文 YOSHI，除了和他的中文名「耀訓」發音接近，也是「更好」的意思，以此時時刻刻激勵著陳耀訓不自滿、不停滯、在手藝上追求「更好」的初衷。

以如此兢兢業業的心情，二〇一九年五月在台北民生東路小巷內開店的陳耀訓，迅速征服台北眾美食評論者挑剔的舌頭，成為人們奔相走告的極致好味麵包店，很快地躋身排隊名店，盛況至今將近兩年仍然不歇。顯然這不只是蜜月期效應，陳耀訓麵包埠已奠定他在台灣麵包界的天王地位，一天又一天，麵包愛好者甘於開店前早早來排隊，才能安心買到每天開店一個小時後就會售罄的各種好吃麵包。

滋味酸甜別緻的「馬告鳳梨酥」。（「陳耀訓．麵包埠 YOSHI BAKERY」 提供）

店裡每天大約推出五十種品項，不固守台式、歐式或日式，只要是「好吃的」，陳耀訓都想做，「看起來很厲害的麵包」不再是他心之所向，他說「好吃最重要」。於是丹麥類、法國可頌、法棍、日式軟麵包、歐式雜糧麵包，乃至台式傳統麵包，統統每天都吃得到。我們早就知道拿下世界冠軍的陳耀訓，當然很會做歐包，但沒想到台北展店一出手，他也獻出了經典台式復古麵包，讓台包從此

台灣古早味代表——「麵茶維也納」，
將麵茶與義式奶油霜製作成內餡，夾入維也納麵包之中。
（「陳耀訓．麵包埠 YOSHI BAKERY」提供）

大復活，擺脫掉老氣和夜市傳統印象，成為時尚的另一種選擇。

五六年級生誰不記得長得像田螺的「雷阿胖」的鬆軟麵包香和奶油甜潤滋味呢？但後來歐包和日式麵包當道，我們已很久很久沒吃到小時候最愛、無比療癒的「雷阿胖」，還有炸彈奶酥麵包、採用雲林九號花生的花生夾心……是陳耀訓大膽將我們的飲食記憶拉回到二、三十年前，讓非主流的台式麵包重新站回舞台。雖然沒有把握創業伊始的台式麵包能否讓台北的客人接受，但他直面挑戰，採用九州第一大麵粉廠「熊本製粉」的麵粉，和世界乳酪大賽冠軍的北歐「Lurpak」奶油，又以高超手藝賦予台式麵包更成熟、圓融、精緻的外貌與風味，沉沒許久的台式麵包就這麼在他手裡大復活，陳耀訓悄悄地改寫了台灣麵包店的經營生態與營業品項，也悄悄維護了我們的麵包傳統文化。

獨家打造清新甜香的夢幻可頌

而我的最愛還有法國長棍和經典可頌。早餐時我喜歡以一杯黑咖啡和抹上果醬或沾取橄欖油的法國長棍，來揭開一天的序幕。雖然沒有肉也沒有蛋，卻依舊享有素樸底下的幸福感。陳耀訓純熟掌握麵粉、酵母、鹽和水的操作方程式，將石臼麵粉製作的麵團置於低溫環境中發酵七十二小時，使小麥粉獨特的風味與甘甜盡出，製程厚工又重本，產量自然有限，因此你若在店裡見到架上還有法棍

時，請千萬不要猶豫，趕緊將它放入你的麵包籃裡。

可頌也是必吃的，不論是經典可頌，或是令人耳目一新的鹹蛋黃可頌。傳統可頌多強調十六層工法，陳耀訓向來不走最安全的路，為了找出可頌更酥脆更香潤的風味，經過不斷試做，他轉而採用十二層的新工法，如果發酵麵團裡的裹油摺疊數變少，口感會比較厚實，每一層的奶油含量也就跟著變多，於是濃郁的奶香和脆度就更升級了。巧思獨具的「義式甜可頌」，則是陳耀訓在經典可頌內，以北海道函館鮮乳和台灣檸檬製作的內餡藏身其中，高雅的酸氣，清新化了可頌的豐潤奶油味，當然也是店內的最高人氣。

陳耀訓也讓可頌散發出濃濃的台式精神。他把法國可頌和中式蛋黃酥結合成「鹹蛋黃可頌」，台灣人從小到大熟悉的鹹鴨蛋黃烤熟後，磨成顆粒，再做成鹹甜並融的鹹蛋黃杏仁餡，均勻細膩地塗抹在可頌內外層後，再入烤箱烘烤。鹹蛋黃的鮮、杏仁的甜與脆、麵團的奶油香，合體散發出驚人的美味，兩年來

成為可頌迷心中的逸品，不管法國人覺得鹹蛋黃可頌是不是一種離經叛道，總之，我們覺得這根本超好吃的！

默默將綠色理念實踐在麵包糕點研發的陳耀訓，早春來臨的此刻，店裡每天早上流動著新鮮草莓三明治和草莓丹麥的芳香，讓顧客品嚐台灣的二月草莓有多迷人。接下來，他要第二度和世界咖啡大師賽冠軍吳則霖，跨界合作精品咖啡X麵包，展現出咖啡油、咖啡粉、咖啡液在麵包中的不同有趣風味。新商品的企畫提案總是緊緊跟隨著台灣的節氣和產季，這個鹿港長大的麵包師傅，懂我們的這一片土地，他將本島的旬之味，日復一日，揉進備受他呵護的無添加麵團裡，不需要「台灣之光」這一類的稱號，陳耀訓手裡的麵包，已閃耀著綠色的身土不二溫潤光彩。

番紅花今日菜單

莓香絮語

融合大湖草莓果乾和草莓酒研發烘焙而成，帶出酸甜浪漫的滋味，並加入核桃增添多層次口感，是 2017 年榮獲「世界麵包大賽」的冠軍作品。

經典可頌

有別市場多數使用法國奶油，陳耀訓師傅特選「丹麥 Lurpak 奶油」製作，清爽且尾韻悠長，且將傳統「16 層」做法調整為「12 層」，使奶香更加鮮明。

鹹蛋黃可頌

某天好友徐仲丟出想法：「如果鹹蛋黃做在麵包裡會是什麼樣子呢？」陳耀訓師傅聽聞便想到將鹹蛋黃結合經典可頌的點子；鹹香飽滿的內餡融入酥脆口感，成為店內暢銷商品之一。

奶酥炸彈

和大家記憶中的台式麵包不同，陳耀訓師傅改良過的「奶酥炸彈」外型稍小、方便就口，並以「桿捲」方式，讓餡料和麵團層層交疊，使得口感和滋味更為平均。

肉桂捲

2020 冬天開發新品。特別選用台灣土肉桂搭配乳酪，並點綴清爽脆口的核桃，濃郁清芳、香甜適中，較一般市售肉桂捲更不膩口，是冬天療癒的一味。

（菜單將會不定時變換，以當日、當季餐廳呈現為主）

陳耀訓・麵包埠 YOSHI BAKERY ｜麵包、甜點｜

臺北市松山區民權東路三段 160 巷 19 弄 36 號

02-2718-2728

11:30-19:30 ／無公休

Facebook：陳耀訓・麵包埠 YOSHI BAKERY

★ 個別餐廳營業時間與訂位規則，請參考餐廳營業資訊

屏東

Eske Place Coffee House

南台灣的紐澳風格咖啡新樂園

啜飲第一口咖啡入喉，
舌尖流動著迷人的濃郁苦香，
再嚐一口「經典紅豆派」，
身心靈頓時鬆軟如雲；
這一刻，我想 Eske Place
就是許多人在屏東生存的理由吧。

以咖啡烘焙出
對家鄉的深摯情意

在屏東生存的理由很多，這裡有全國各路美食家訂不到位的餐廳 Akeme，有東港大鵬灣的溼地水鳥，有如星子般分布的獨立書店，有追逐佳樂水冬季東北季風的衝浪人，有獅子部落裡葉尖和葉心又嫩又綠的有機山蘇，有落山風吹拂而甜美多汁的恆春洋蔥，有山海之間此生必走的阿朗壹古道……屏東就是這麼大山大水、風土深厚。

而此刻我坐在屏東市區巷弄裡的 Eske Place Coffee House，看著咖啡師范光宇專注地沖煮一壺咖啡，滿室縈繞不去的是他親自烘焙的豆香，那雪櫃裡的各種甜點，則由他在紐西蘭拿過珠寶設計大賽冠軍的妻子 Angela 製作，因大量使用南國當令水果而美麗誘人如多彩寶石的蛋糕……很難想像國境之南的這裡，竟有人開了這麼一家散發正統紐澳風格的小咖啡館，且活得越來越好，即將邁向第十年。當范光宇把咖啡端上桌，我啜飲的第一口入喉，舌尖流動著橡木桶中沉澱酵母帶出的起司味和隱微的礦石感與花香，再嚐一口連年拿下屏東「有厚禮數」的「經典紅豆派」，身心靈頓時鬆軟如雲，這一刻，我想 Eske Place 就是許多人在屏東生存的理由吧。

范光宇的咖啡資歷完整，寫起來落落長，擁有七張世界級的咖啡師證照，包含 Q Arabica Grader 國際 Q 杯測師資格認證、SCA 烘豆師／杯測師，他成功研發出全球咖啡界第一支專用沖煮水，並被指定為 The Mastercup Water（沖煮大師）咖啡與茶專用，人生第一次回到家鄉開咖啡廳，就榮獲二〇一七、二〇一九、二〇二〇的「屏東十大好店」，台中米其林一星法式餐廳的指定佐餐咖啡……但這些光環范光宇不喜歡多提，反而你問他屏東哪家的豬腳和牛肉鍋好吃，哪個部落的風景最美，他會兩眼發光講個不停，仔細畫下地圖給你，那股奔放的情感，你會知道眼前這個國中畢業就被家人送去紐西蘭念書、畢業、工作的青年，是真心愛著屏東。十年前他把兩個小不隆咚的兒子扛回來台灣上幼稚園、學中文、跟阿公阿嬤一起生活，都不是他面對媒體的「說故事」，而是他對屏東這塊土地的熱愛與信心。

EskePlace

與文學連結的悠長滋味

范光宇被客人暱稱為「Tony」，煮得一手好咖啡是基本，他對「綠色永續」的堅持，也點點滴滴落實在店裡供應的飲食上，像是炎熱夏日最受歡迎的冰咖啡，Tony把咖啡在後製處理時被拋除掉的外層果皮、果肉與果膠層收集起來，巧妙做成咖啡漿果乾（cascara），讓他的冰咖啡因此更增添水果香氣。

Tony還和多納部落的咖啡農契作八百株咖啡樹，耐心等待六年，這八百株咖啡樹因寒害與不適應死傷過半，二〇二〇年終於第一次收成十五公斤的原鄉咖啡豆，得來何其不易，這批珍貴的豆子遂成為二〇二〇南國漫讀節「文庫咖啡包～吳晟〈負荷〉」的作品。

「文庫咖啡包」是在紐西蘭啃讀金庸小說度過青春歲月的Tony，應南國漫讀節之邀，為這四本經典文學：白先勇《寂寞的十七歲》、邱妙津《鱷魚手記》、李維菁《老派約會之必要》、吳晟〈負荷〉所設計的咖

（Eske Place Coffee House 提供）

啡掛耳包，他精心調和出屬於文本獨一無二的咖啡韻味。為表達出吳晟〈負荷〉詩句中的溫暖父愛，他把屏東咖啡豆與屏東內埔味噌廠商合作，使用味噌酵母菌發酵培育，調性沉穩厚實，詮釋了他對〈負荷〉的閱讀感受。這是一個溫柔的跨界提案，透過咖啡的媒介，我們因此重新回顧邱妙津、李維菁、吳晟、白先勇的文字召喚，壞的是我捨不得喝，只想把它們好好收藏。

讓甜點訴說自己的風土故事

而喝咖啡少不了甜點。配方來自 Tony 媽媽的經典紅豆派，標榜「結婚大餅、祝壽、滿月、慶生百搭款」，採屏東在地紅豆，結合紐西蘭式手工派皮，樸實卻暖麗，讓紐西蘭與台灣國境之南的不同鄉村風味，完美揉黏，打造出新穎的屏東滋味。除了素樸耐吃的紅豆派，萬丹紅豆也有日式風味的可能，甜點師 Angela 選用日本伊藤園抹茶，烘烤出「抹茶紅豆塔~綠意」，讓優雅不苦澀的玉露茶香和萬丹特選紅豆，點綴上嫩薄荷葉，將屏東大武山脈下的綠意，成為盤中的歌詩。

也有客人甚愛檸檬起司派，Angela選定屏東里港無籽檸檬特有的清芳，她讓在地檸檬與進口重乳酪協力合奏，果香輕盈、乳香醇郁，讓屏東人視之為最日常的檸檬，展現出異國美食的風貌。

血液裡有著珠寶設計師的渾然美感，Angela讓屏東甜點邁向精緻如藝術創作的新天地，哪怕是國人耳熟能詳的鳳梨酥，她也以瑪德蓮蛋糕體和自己調製的土鳳梨餡表現出新意，瞧那栗子般的可愛樣貌，再點綴著深黑苦甜巧克力與烤杏仁角，酸、甜、苦三味平衡，一推出就秒殺！

美學涵養與熱帶水果迸發出的火花不僅於此，Angela也不放過枋山的芒果。為了讓甜點自己訴說風土的故事，她和Eske Place團隊跑到枋山去尋覓專做日本外銷等級的「盧家芒果Mango-Lu」，成本雖高但風味明雅濃郁，通過三百多樣的農藥檢測合格，以天然牛奶肥呵護，枋山的落山風與溫暖陽光讓芒果自然熟成，這做出來的甜點怎麼會不好吃！

芒果在Angela巧思巧手下，和崁頂的網室無花果攜手演出一款母親節蛋糕，下層是法式杏仁蛋糕，最上層是柔軟的戚風，內餡則豪邁投入大量的盧家芒果與馬士卡彭慕斯，全程手工，精緻高雅。我一向關注母親節蛋糕，只因我認為天下母親值得享受最美味最美麗的甜點，Angela自己也是兩個孩子的母親，她完全懂得疼惜母親、為屏東地方媽媽做出最美麗甜點的那份心情。

精緻時尚的奶蛋蔬食早午餐

除了不斷推陳出新的甜點與咖啡豆，每天早上八點準時開門的 Eske Place，也供應極富紐澳精神的早午餐。打開菜單，紐西蘭咖啡廳必有的「鄉村鹹派」，一七三八年英國傳統食譜的「蘇格蘭蛋」，香料紅醬燉煮豐盈蔬菜的「牧羊人焗烤」，經典英式早餐的「班尼迪克蛋」，搭配手做拖鞋麵包的「主廚濃湯」，以義式香料、青醬優格和 kiwi 嬤嬤沾醬的「鄉村薯條」，就算一週天天來也不會膩。我最愛「蘇格蘭蛋」，第一次看到這道料理是在 NHK 日劇《多謝款待》，對「蘇格蘭蛋」的濃郁蛋香留下深刻的印象，而 Eske 在蘇格蘭蛋下方鋪了一圈搗得完美的豌豆泥，軟而不爛，並刻意保留略帶沙質的口感，豌豆泥中的新鮮薄荷葉，完美平衡了炸蛋的醇厚風味。

在屏東以這樣的早餐和 Tony 的手沖咖啡揭開一天的序幕，能不幸福麼？

讀到這裡，你可能沒注意到，豐富、繽紛、有趣、時尚、精緻、多樣化的 Eske Place Coffee House，沒有供應肉類，全然的蛋奶素蔬食。歡迎來到 Tony 和 Angela 回返屏東的咖啡新樂園，國境之南，譜寫在地美食的新頁。

番紅花今日菜單

（菜單將會不定時變換，以當日、當季餐廳呈現為主）

Egg Benedict 班尼迪克蛋

英式早餐必備，掌握酸甜黃金比例的自調荷蘭醬，使用多次檢驗與認證的木岡農場現煮水波蛋，配搭鮮脆蘆筍和多種菇類，讓大人、小朋友皆愛不釋口！

鄉村鹹派

以傳統紐西蘭「手桿厚派皮」為基底，結合屏東在地小農南瓜、菇類、番茄、馬鈴薯等食材烤製而成；鹹派的沾醬，是每週熬煮四小時、以傳統濃縮醬汁手法的獨門沾醬「Kiwi 嬤嬤」。

鄉村薯條

對食材風味把關嚴格的 Eske，控制 180 度油炸溫度，精準保留馬鈴薯外皮酥脆、內裡綿密的口感，搭上 kiwi 嬤嬤沾醬，在夏天佐冷萃咖啡享用，尤其爽口。

季節限定巴斯克 Cheese Cake

烤得焦香濃郁的巴斯克乳酪蛋糕，以醃漬草莓水果酒提味與大湖直送甜點專用等級草莓，酸甜草莓香與濃稠綿密的重乳酪交織出多層次口感，極為厚實迷人。

經典屏東紅豆派

這是 Tony 媽媽和紐西蘭當地居民在烘焙教室交流時，靈感迸發所創造的甜點。將屏東萬丹九號、十號紅豆，與手作紐西蘭甜派皮融合，賦予屏東在地紅豆不同的面貌。不但是屏東縣政府推廣伴手禮，也成為許多人結婚時的指定囍餅。

屏東檸檬起司派

運用屏東里港在地小農無籽檸檬做成的起司派，香氣較一般檸檬更為悠長，外皮刷上法國杏桃提煉的果膠，與檸檬彼此輝映出清爽鮮甜的滋味，讓全素者也能安心享用。

自家烘焙義式咖啡配方／精品咖啡

帶有記憶中紐西蘭風味的咖啡配方豆「Sweet As」（中譯：好呦），味道極富辨識度、帶有焦糖烤杏仁甜香，也被米其林一星餐廳選用佐餐咖啡用豆。而 Eske 也會以餐酒搭配為概念，根據不同餐點搭配店內推薦當週精品豆，在沖泡前詳細介紹並讓客人感受咖啡豆的乾香氣味。

Eske Place Coffee House　｜烘焙咖啡，鄉村風餐點、甜點｜

屏東縣屏東市民享路 142 號
08:00-17:30 ／週一、週二公休
08-722-6266
Facebook：Eske Place Coffee House

★ 個別餐廳營業時間與訂位規則，請參考餐廳營業資訊

台北大同

孔雀餐酒館

隱藏在大稻埕傳統街屋深處的歐亞料理聚會所

身為迪化街最具代表性的文青餐廳之一，孔雀餐酒館從夜晚到白天，隨著光線的不同幻化，展現出她或熱帶或神祕的迷人氣息。然而在極「潮」的肌理下，孔雀也是家不折不扣的綠色餐廳。

餐酒館裡經典台灣菜上桌

如果你在大稻埕，千萬不要錯過整體氛圍和食物呈現都讓旅人、食客頻頻回首的孔雀餐酒館。打開他們的菜單，諸多菜名讓人莞爾也好奇，諸如：「台灣之南：王爺虱目魚」、「高粱燒大蛤」、「開水蓮花」、「歐爸炸桂丁」、「失傳的手路——鹽醃腿庫生野菜」等等，或者是上一季極受歡迎、現在已經吃不到的「黑白切之麻辣天后宮」。

黑白切，hei bai qie，台語「烏白切」，意指店家隨意切些小菜，供客人蘸醬油辣椒薑絲蒜仁吃，種類繁多，豬鴨魚蟹豆和蔬菜皆可運用。這盤樸質小吃，有著台灣庶民社會勤儉的文化底蘊。以豬肉類來說，從豬頭吃到豬尾巴，連捨不得丟的內臟，像是大腸頭、生腸、小肚仔也都入盤。

而孔雀餐酒館重新詮釋這道台灣經典名菜「黑白切之麻辣天后宮」，係選用桃園祥興畜牧場的豬心、豬舌川燙後再滷製，這裡的豬舍採用「水簾負壓降溫系統」，做到真正零排放、環保無汙染的畜牧。而豬心脆彈，豬舌軟Q，誘人的粉紅色澤顯現出食材的鮮與美。

無國界的餐飲創作

揮別上一季菜單的榮光，這一季的孔雀依舊不讓人失望，當「天貝季節蔬菜煎餅」端上來時，我不禁為這道蔬食的「美色」而驚嘆不已。此料理的三大

「失傳的手路——鹽醃腿庫生野菜」，這道菜可不是懷舊之作，孔雀讓台灣家庭料理在節慶時必登場的腿庫，表現出費工的經典，軟Q有嚼感，卻不減豬肉的鮮味。

從料理、甜點、擺盤、吧台到外場，
孔雀餐酒館有著一群專注於餐飲的專業團隊，共同創作出一道道無國界的佳餚。

元素：「綜合蔬菜」、「玫瑰豆乳醬」和「天貝」，被孔雀主廚融合得無比精妙！

天貝是發源於印尼的傳統食品，以豆類和天貝菌種發酵而成，蛋白質含量高且易吸附醬汁，廣受全球蔬食者喜愛。行政主廚 Angel（郭云婷）賦予了它新風貌，以台灣的有機食用玫瑰來調製醬汁，運用當令各種新鮮蔬菜為煎餅主體，讓餐酒館的蔬食料理也直擊人心。不論你是不是無肉不歡，我都強烈推薦你務必品嚐孔雀的天貝料理。

虱目魚、西瓜綿、水蓮的三重奏

另一道「台灣之南：王爺虱目魚」，顛覆了我們對虱目魚的傳統認知。這道菜的發想，來自孔雀廚房團隊裡對虱目魚情有獨鍾的阿民（黃崧旻）。他的家族在嘉義布袋鎮養殖虱目魚已三代，從小吃外婆烹煮的各式虱目魚料理長大，從紅燒到乾煎再到虱目魚粥，都讓他念念不忘，聽阿民叨叨絮絮久了，孔雀團隊決定以昇華版的虱目魚料理，向阿民的外婆致敬。

食材固守綠色餐飲的精神，孔雀採用了以草本飼料養殖的虱目魚，以白酒和香茅醃製魚肚，最厲害的是，以在地傳統的西瓜綿讓它華麗大變身，研製出西瓜綿檸檬奶油醬，西式醬汁裡帶著台灣古早醬缸味，風味非常獨特。而搭配虱目魚的蔬菜，一點也不馬虎，是孔雀自製豆酥醬所拌炒的高雄美濃友善農法栽種的野蓮。

在孔雀的巧思下，虱目魚、西瓜綿和野蓮譜出優雅的三重奏，我帶日本朋友前來享用這道料理，已吃過無數次台南虱目魚粥和乾煎虱目魚柳的他們，對此驚豔不已，原來虱目魚有無限可能，可以傳統也可以創新。

三進老街屋，飄香古典味

始初我為桌上的這一切感到有點違和，因為孔雀整體的用餐環境氛圍太雅美，前後花園以樸門精神設計得扶疏別致，菜單卻具濃厚的「台灣味」，主廚 Angel 每一季以亮眼、創新的菜單設計，守住台菜的靈

魂，並洋溢西式料理的趣味。

每一道料理都不難看出行政主廚 Angel 和她團隊所落實的「綠食宣言」精神：優先採用當地當令食材、遵循永續生態及海洋原則、提供蔬食的餐點選項。而她們端出的好菜，也不斷為我們實證，綠色餐廳可以擁抱綠色使命又好吃時髦呢！

番紅花今日菜單

失傳的手路——鹽醃腿庫生野菜

以Q皮腿庫、半乾番茄、五辛醬、李梅醋、生野菜調製成的這道菜，腿庫軟Q有嚼感，生菜則相當清新解膩。

天貝季節蔬菜煎餅

將來自印尼的天貝，佐台灣有機食用玫瑰調製而成的豆乳醬，再運用當令各種新鮮蔬菜作為煎餅的主體。

台灣之南——王爺虱目魚

選用無毒虱目魚，以白酒和香茅醃製魚肚，下油煎煮；再淋上特製的西瓜綿檸檬奶油醬，搭配炒野菜，味道正好！

提拉米蘇

正宗的提拉米蘇是不含酒精的，但這款飄著濃濃蘭姆酒香，再加上純正的濃縮咖啡，口感相當濃郁。

鳳梨芒果椰奶

夏季限定的冰飲，將當季的新鮮水果與椰奶打在一起，質地綿密，味道濃厚而清爽。

（菜單將會不定時變換，以當日、當季餐廳呈現為主）

孔雀餐酒館 Peacock Bistro ｜歐亞料理｜

台北市大同區迪化街一段 197 號二進

02-2557-9629

11:30-22:30／週二公休

Facebook：孔雀餐酒館 Peacock Bistro

★ 個別餐廳營業時間與訂位規則，請參考餐廳營業資訊

台北大同

慢慢弄乳酪坊

起司迷必訪的台灣第一家
自製手工乳酪坊

幸好有這間可愛的小店，
我們不必去米其林餐廳，
也能享用到新鮮美味的
南義風格乳酪輕食；
Isabella 身為台灣第一位義式起司乳酪師，
與國內乳業共同前行，
端出千變萬化的國產乳酪料理。

產地到餐桌 零距離的起司吧

我從花市買了一盆新鮮健康的羅勒回家，放在陽台向陽處日日輕拂嗅香，摘下來的羅勒葉做什麼好呢？又看見市場上的牛番茄，健碩豔紅極誘人，有了羅勒葉和牛番茄，那麼來做卡布里（Caprese）沙拉吧！只要再有新鮮的莫札瑞拉起司球，沒有人不愛卡布里沙拉的清爽與淡雅乳香。

而位於大稻埕小巷弄古老街屋、融合日義風格的「慢慢弄乳酪坊」，主理人Isabella，她在乳酪產業全心全意的投入與研發，徹底翻轉台灣人餐桌上的乳酪風情，現在我們不僅可以輕易在家裡做出道地的卡布里沙拉，也可以把新鮮布拉塔（Burrata）切開後，望著它流出涔涔鮮奶油，彷若置身南歐生活的美好日常。站在「慢慢弄」的雪櫃前，總是讓我心慌慌，每一樣看起來都好好吃，究竟如何是好……

米其林主廚指定的國產乳酪

「慢慢弄」的店名，來自義大利文「Man Mano」，即「慢慢來」之意。以「手做乳酪職人」為職志的 Isabella，將它定調為「以台灣優質新鮮牛乳製作南義新鮮紡絲乳酪」。LOGO 是一隻可愛的小蝸牛，它身上背著那三顆小圓圈，其實是三球莫札瑞拉起司，一經她解說，不禁讓人莞爾。

而之所以選擇「蝸牛」為品牌標誌，背後卻有著深義。蝸牛是「義大利慢食協會」的標幟，Isabella 期許她一手創立的「慢慢弄」，能夠符合協會的三項精神：「公義、乾淨、好吃」。她曾經在媒體專訪時

提起：「義大利人說，起司是『白色的藝術』，是科學也是藝術，光是紡絲乳酪就有學不完的知識，急不來。請容我慢慢弄，也請大家慢慢享用。」話中盡顯她對乳酪的追尋與尊重。

學霸出身的 Isabella，勤學理工又在新聞業奮鬥十幾年，生活穩定的她，在四十歲時決定人生轉彎從零開始，她沒有風風火火，只有按部就班、穩紮穩打、嚴謹自律，讓全國第一間從產地到餐桌零距離的義式手工乳酪坊，不出幾年時間，就成為大稻埕街區最多米其林主廚指定食材的夯店。國內許多一線義法餐廳或私廚如文華東方 Bencotto 廳、態芮、AKAME、D-Place、Gēn Creative、STAY、孔雀餐酒館等等，均採用 Isabella 的山羊乳酪、馬背起司、松露乳酪和煙燻瑞可塔。

台灣第一位義式乳酪師

牛乳是起司的靈魂，沒有清淨的乳源，起司只是空有形體的乏味乳製品。Isabella 使用桃園地區獲五梅獎和神農獎、採低密度飼養的牧場

絲綢起司的義大利文原意為「像破碎的布般」，別稱「沒穿衣服的布拉塔」，有著如絲綢般的滑順口感。

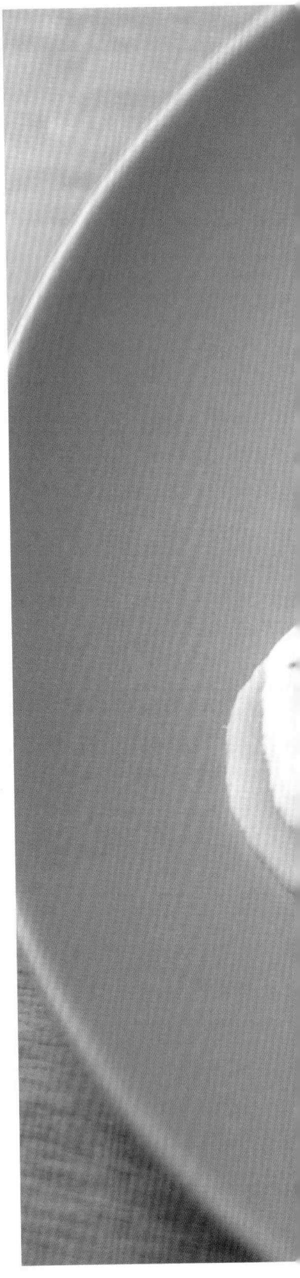

生乳，那裡的環境通風、荷斯登牛健康、每日現榨的生乳風味純淨，讓 Isabella 的創業有了穩定的開始。

新鮮乳酪的原料很簡單，只需要鮮乳、乳酸菌、酵素和鹽，沒有花俏的食材，全權倚賴乳酪職人的功夫。Isabella 先是飛到東京拜師日本國內第一位以當地乳源製作布拉塔起司的藤川真至師傅，再遠赴義大利傳統工坊，學習道地的南義乳酪技藝。發現台灣並沒有新鮮本地生產的起司，她一頭栽入這寂寞、沒有對手的疆土，每天的工作表從清晨五點到桃園牧場載生乳回大稻埕開始，然後一手包辦所有業務，往往工作到深夜。

生乳載回來以後，她先在鮮奶中加入乳酸菌和凝乳酵素，等鮮奶凝結後再進行切割讓乳清分離，即得到類似豆腐狀的凝乳。耐心等待兩個多小時的發酵，若已達理想酸鹼值，就加入九十至九十五度的熱水，進行最費力的手工「拉扯」。她說這種如同製麵般的拉扯手法，能增加凝乳塊的延展性，嚐起來口感也較Q彈。

自製乳酪的創意輕食料理

幸好有這一間可愛的慢慢弄小店，讓我們不必去米其林餐廳，也能享用到新鮮美味的南義風格乳酪輕食，像是限量的乳清飲品、國內少見的南法農家甜點「乳花」、瑞可塔起司做的麵疙瘩、加入綠竹筍的絲綢起司小點……乳酪料理也能如此多變。

從前菜的「馬背溫沙拉」開始吃起，這道菜是連不敢吃起司的人，都可以開開心心吃完一整盤。馬背起司是義大利南部特有的半硬質乳酪，至少經過三週熟成，切片後，以平底鍋乾煎成餅，入口相當鹹香Q彈。另一道「絲綢起司涼筍佐花椒鳳梨醬」，是以當季綠竹筍，搭配慢慢弄招牌的絲綢乳酪，抹上一匙本土果醬品牌「在欉紅」的花椒鳳梨果醬，再以蒔蘿和主廚自製的鹽漬檸檬提味，風味雅致，起司絲滑，是夏季清爽的開胃菜。

不只是乳酪小點，來到這裡還可吃到以乳酪為主體的主食，像是以瑞可塔起司取代馬鈴薯做成的義大利麵疙瘩，煮熟後乾煎上色的「起司疙瘩」，口感外酥內鬆軟，再以奶油鼠尾草調味，上面刨上慢慢弄新產品「熟成瑞可塔」，雙重奶香在咬開的瞬間發散出來。

口感滑溜，比鮮奶酪更清爽的「慢慢弄乳花」。

慢慢弄店招「蝸牛」上的三顆小圓圈，代表三球莫札瑞拉起司；
同時也在呼應「義大利慢食協會」的三項精神：
公義、乾淨、好吃，展現自製乳酪的職人精神。

最後當然少不了甜點。以「牛奶做的豆花」或「吃的奶茶」聞名的「乳花」，是牛奶凝固後搭配蜜香紅茶熬的糖水，口感滑溜，比鮮奶酪更清爽，成為慢慢弄店裡的限定商品，別的地方吃不到！而以煙燻起司製成的義式冰淇淋，降低了冰淇淋熱量，又多了煙燻風味，兩者融合的美妙滋味，連拿坡里人吃了都問可不可以出口到義大利賣……

美味來自於對台灣食材的掌握

第一次來到這裡，若選擇障礙嚴重，你不妨參考我今天被深深打動的乳酪美味。我一邊讚嘆乳酪的美味，一看凝看乳酪職人在透明工作室裡的嚴謹作業，讓我不禁對眼前「盤中飧」更生起敬意。

身為台灣第一位義式起司乳酪師，身形嬌小的 Isabella，對於費力費工的手工拉絲、塑形等步驟，始終不曾怠忽。當然她的乳酪好吃不容置疑，但更打動我的，是她卓然的飲食搭配品味，以及她對台灣特有食材的了解與掌握，從而開啟了我們對國產新鮮乳酪的感受與追索。不必遠赴義大利，慢慢弄與國內乳業共同前行，端出千變萬化的台灣味乳酪料理，美不勝收，等待你來慢慢品嚐。

番紅花今日菜單

馬背起司溫沙拉

熟成過的馬背起司切片以不沾鍋乾煎後，入口鹹香Q彈，搭配生菜葉與烤過的蔬菜，連不敢吃起司的人都可以吃完一整盤。

絲綢起司涼筍佐花椒鳳梨醬

當季綠竹筍搭配招牌的絲綢乳酪，再抹上台灣本土果醬品牌在欉紅的花椒鳳梨果醬，並以蒔蘿和主廚自製鹽漬檸檬提味，風味雅致，是夏季清爽開胃菜。

瑞可塔麵疙瘩

以瑞可塔起司取代馬鈴薯做成義大利麵疙瘩，煮熟後乾煎上色，口感外酥內鬆軟，再以奶油鼠尾草調味，上面刨上熟成瑞可塔，雙重奶香。

慢慢弄乳花

又叫「牛奶做的豆花」或「吃的奶茶」，牛奶凝固後搭配蜜香紅茶熬的糖水，口感滑溜，比鮮奶酪更清爽，只有在慢慢弄店裡才吃得到！

煙燻起司冰淇淋

大人口味的義式冰淇淋，以櫻花木當燻材，燻好的瑞可塔取代鮮奶油，不但降低熱量，煙燻風味和乳味甜味為基調的冰淇淋絲毫沒有違和感。

（菜單將會不定時變換，以當日、當季餐廳呈現為主）

慢慢弄乳酪坊 ｜義式料理｜
台北市延平北路二段 272 巷 16 號
02-2553-6863
週三至週六 12:00-21:00
週日 12:00-17:00／週一、二公休
Facebook：Man Mano 慢慢弄 · 乳酪坊

★ 個別餐廳營業時間與訂位規則，請參考餐廳營業資訊

新竹竹北

或者書店

有機書森林的蔬食餐桌

從落地玻璃大窗望出去，綠意滿盈，正值午後時光，捧了幾本雜誌坐下來，身心頓感悠然。我打開或者書店的菜單，無肉卻毫不讓人失望。

不只是一間書店

我在「或者書店」的粉專上，看到它開了「詩釀造」課程，點進去一看，確實是文字和釀造都美麗如詩的活動，主題是：「冬季蔬菜的習作，米湯醃酸菜與奶漬蘿蔔」，酸菜和蘿蔔都是台灣農村冬日尋常作物，但，以米湯和奶漬，我卻從來沒聽過。

原來，這是或者書店總監朱培綺與釀造講師劉詩潔共譜出來的食譜。湯醃酸菜是朱培綺從婆婆手上傳承下來的，而奶漬蘿蔔則是劉詩潔與朋友一起玩出來的釀酵料理。得知這個夢幻組合，我好想立馬報名，衝到位於新瓦屋客家文化保

存區大草地旁的「或者蔬食餐廳」去上課，感受九降風城市的風土滋味。

「或者書店」總監朱培綺，曾經在內湖主持獨立書店「註書店」，更早之前是新竹概念書店「草葉集」創辦人，設計力、企畫力、策展力奇佳的她，為竹北「或者書店」帶來活潑多元的新風貌。從這道「古怪」又新鮮的料理課，即可見朱培綺經營「或者蔬食」的靈慧與能力。

超過八千冊的有機書森林

新竹人有一棟像「或者」這樣集結「書店、餐飲、展演、工藝、文旅」的複合空間是幸福的，新竹十三鄉鎮從尖石高山到南寮海邊，總有道不盡的農食故事，而「或者」，讓愛書人、愛吃人和旅人，喜歡選品、選書和選食的人，都在這裡找到了歸屬。

到「或者」的健康廚房吃飯或喝茶喝咖啡，你得先經過一樓那一片選書超過八千冊的有機書森林，淺色書架上以獨有的閱讀概念整齊分類

排列著：「營造 Build」、「回歸 Recycle」、「橋梁 Bridge」、「幸福的動力 Motive」、「網路 Network」、「意義的流浪 Theory」和「其他 Other」等主題；其中文學、音樂、美術、影像、舞蹈、戲劇等被歸類在「幸福的動力」分類裡，人人低首沉浸在書的紙頁中，陽光溫煦無私地灑進書店每一個角落，也因為親子友善的閱讀理念，書店處處規畫讓小小讀者放鬆舒坦的閱讀空間，稍一不小心，你很可能就在書店區流連起來，而暫忘拾步上樓的用餐目的。

探索在地風味的無肉菜單

為了讓生產者與消費者相遇的健康廚房，從落地玻璃大窗望出去，是滿盈的綠意。正值午後時光，我任性點了一瓶啤酒和一份師傅手做司康佐自製手工果醬，捧了幾本雜誌坐下來，身心頓感悠然。書櫃底下有好些醃漬著蔬菜的陶甕，空氣中似乎還流動著橙香風味的啤酒氣息，我打開菜單，無肉卻毫不讓人失望。

光是「百菇米粉湯」就成功挑起我食欲。來到米粉的故鄉，這碗米粉係採用新竹百年老字號「永聖」百分之百純米製造的米粉，米香飽滿並好消化，高湯裡浮著多種新鮮菇蕈，有的菇脆，有的菇嫩，為這碗米粉湯，帶來繁複、有趣的口感。

喜歡吃鹹派的話，務必嚐嚐內餡獨到的「香蔬鹹塔」。腰果白醬和七種以上的季節蔬菜，更增添酥脆塔皮的清甜內蘊，配一杯酪梨豆漿或春分梅子啤酒，都是趕走寂寞、身心滿足的大人味。

也不宜錯過「香草烤蔬菜」。八到十種蔬菜的混合，呈現出迷人的繽紛色澤，透過有機橄欖油、海鹽、羅勒來調味，以選自池上的新鮮糙米，再拌入這幾年於國際上備受注目的營養食材藜麥，並佐以自製小菜如醃紫高麗和天貝，甚討 Veggie 者喜歡。朱培綺笑著說，或者書店的蔬食餐想讓客人吃飽吃巧也吃

鹹派內餡用了七種以上的季節蔬菜，增添酥脆塔皮的清甜內蘊，
若是再配一杯酪梨豆漿或春分梅子啤酒，剛剛好。

「或者書店」現任總監朱培綺，過去曾在台北內湖經營「註書店」，浸淫在獨立書店至今已長達十幾年。

健康，團隊多方踏查，盡量取自在地當令食材，吃了身體沒負擔，也為新竹的友善農業揖注一股支持的力量。

創造「書」與「蔬」的相遇

朱培綺與團隊成功塑造了或者書店、或者蔬食的靈魂與體構，這裡已被各界肯定為「竹北最美麗的書店」，而規畫中的工藝櫥窗和文旅住宿，也將在新竹老城區熠熠生輝。

回想我第一次見到朱培綺，是在台北內湖靜謐長巷裡的註書店，氣質清新慧黠的她，浸淫在獨立書店至今已一、二十年，從草葉集、ECM音樂代理、註書店、到現在的「或者」，「有溫度的生活」始終是她不變的主張。台南女兒在竹北開出文化的花朵，她讓「書」與「蔬」與人相遇，我想起過往她養的兩隻貓「白素素」與「衛斯理」，始終走在開創路上的女孩，原來從不曾失去金庸女主角的性格與柔情。

番紅花今日菜單

百菇米粉湯

選用超過五種的菇類入料，麻油爆香炒過後與高湯混合，再搭配在地生產的純米米粉，份量十足且湯頭鮮甜。

香蔬鹹塔

以七種以上的季節蔬菜作為鹹派的內餡，增添酥脆塔皮的清甜內蘊；再配上新鮮豐富的生菜與堅果，口感濃郁又不失衡。

香草烤時蔬

將天貝、時令鮮蔬七、八種，以香草調味後送入烤箱烘烤；搭配自家醃漬的小菜、非基改嫩豆腐，再一碗加入藜麥的台東池上糙米飯，清爽營養無負擔。

司康佐手工果醬

奶油切塊後混進麵粉、糖、鹽，小心搓勻，放入酵母水後成糰，再層疊對折擀平，出爐後的司康，蓬鬆樸實，搭配自製手工季節果醬，一切合宜。

（菜單將會不定時變換，以當日、當季餐廳呈現為主）

或者書店　｜無國界料理｜

新竹縣竹北市文興路一段 123 號

03-550-5069

週一到週四 10:00-18:00、週五到週日 10:00-21:00 ／每月第二個週二公休

Facebook：或者

官網：https://pse.is/bookstoreFB

★ 個別餐廳營業時間與訂位規則，請參考餐廳營業資訊

台北萬華

小小蔬房

身土不二、美味非常的
旬食廚房

你若坐在爐頭前看劉姊
優雅、瀟灑、毫不費力
做出一顆又一顆的「野菜飛龍頭」，
吃到她火候完美、
鹹甜平衡的金沙南瓜鹹派，
必然會像我一樣，將小小蔬房
封為自己心中的私房米其林。

報章上的那碗七草粥

引起我非來「小小蔬房」一探究竟不可的，係源自二〇一八年的一篇報導，詳述店主劉姊所發想的「春日裡的七草粥」。當時我在電腦螢幕看到這一瓷碗的米潤泔清，忍不住輕嘆「怎麼會有這麼美的粥名，而且煮得這麼雅麗！」真是一款品味絕佳、極富文學質地和風土氣息的台灣粥。

這碗白粥，撿取了花蓮「健草農園」田埂邊常見的雜草野菜共七種：細葉碎米薺、水芹、鼠麴草、灰藜、繁縷、小金英和龍葵。雖說是田邊常見，但我也只對其中的龍葵和鼠麴草不陌生；其餘五款草，皆無能辨識。這碗「春日裡的七草粥」，雖然不是你我熟知的台灣經典古早味粥品，卻是如此強烈、毫無疑問的「台灣限定」。我甚至認為劉姊設計的這碗粥，重新定義了「台灣味」，當我們賦予當令在地食材新面貌，透過料理帶來四季土地的消息，「台灣味」就被再造成型了。

被客人暱稱「劉姊」的劉立群，不曾進過廚藝學校接受正統訓練，也沒有在餐廳的商業廚房磨練過，當了一輩子上班族的她，做菜和設計菜，全憑天生的秉悟和靈思；食材在她手上幻化出千百種風貌，來客坐在巨型木製料理檯的中島搖滾區，看她即席即興開火揮鏟，永遠不愁沒驚喜。儘管在料理上不斷推陳出新，唯獨「小小蔬房」這棟老屋建築體，劉姊全力呵護，務必讓它維持百年樣貌，在歲月的低聲吟唱中，保留它古樸的富貴。老石頭不曾停止呼吸，日日夜夜見證劉姊的料理天分與熱情。

地方飲食記憶寫入菜譜

像是這一片「艋舺楊桃戚風蛋糕」，迸放在唇齒間的鹹甜交融，是久被人們遺忘的台灣土楊桃古早味。小小蔬房位於西門町與萬華老城區邊陲，劉姊一直希望能設計出一款具艋舺特色的料理，經過一番尋尋覓覓，她找到萬華專賣土楊桃原汁及蜜餞的在地老店，它是許多老萬華人的飲食記憶。

以艋舺城區生產製作的土楊桃汁和乾果，與雞蛋、麵粉混合烘烤出滋味層層交疊的戚風蛋糕，有西方的形體，更有台味的靈魂。沒有人比小小蔬房更適合詮釋艋舺土楊桃加工品，也藉由這片美味蛋糕，讓幾乎在市面上絕跡的土楊桃滋味，翻轉復活，這麼厲害的食物設計，劉姊瀟灑達陣。

雖然小小蔬房提供純蔬食，然而劉姊信手拈來以本土在地食材發展出西方風情的料理，總是能夠讓人忘卻菜單上沒有肉，而沉浸在蔬食的美好。像是法式經典鹹派，劉姊以本土味濃厚的麻油杏鮑菇、金沙南瓜、芋粿巧與紅蘿蔔葉當內餡，發展出四款台灣風味的鹹派。

因為劉姊始終認為，台灣的鹹派，就該是吃起來乾爽、具有台灣風味的才對！因此她總是親赴有機農

由上順時依序是麻油杏鮑菇、金沙南瓜、小小兔子（胡蘿蔔葉）、芋粿巧鹹派。

夫市集，直接與信任的小農採購當季蔬果，調味後加入日本成分無調整小麥粉、十八麥全麥麵粉製作的餅皮裡；烘烤出來的鹹派，內陷帶有台灣味的濃郁，酥皮則充滿麥香。

發酵與蔬果的魔法料理

我尤其喜歡劉姊的發酵手藝。常常可以看到她在店內或農夫市集開設發酵課，像是這幾年一路從日本延燒來台灣的「鹽漬檸檬」，以及最近十分熱門的米糠漬。製作發酵物的原料，劉姊自然是依循一貫的採用原則：使用國產在地的有機農蔬。這些我們過去習而不察的國產水果，到了劉姊手中都被細膩對待。更令人歡喜的是，劉姊會把這些發酵物運用在料理中，幻化出一道一道醃漬小菜，美不勝收。

小小蔬房常見發酵醃漬和新鮮蔬果的魔法整合，
清新、飽滿、不膩，沒有沉重的道德訴說，徹底放鬆，展示蔬食的快樂與自在。

和劉姊一起做菜是一種享受，她總能從從容容、優雅又有條不紊地料理一切。

來到劉姊的小天地，若想來點異國滋味，你可以點「摩洛哥風野菜沙拉」，看她在料理檯前以鹽漬檸檬、小茴香粉、新鮮檸檬汁、橄欖油、糖蜜、芫荽和薄荷，動作輕柔如芭蕾舞伶地調和出風味美妙的醬汁。或是來個「蔬房季節一大盤」，除了將香料烤蔬菜、野菜鮮菇、墨西哥風味辣玉米筍，以及各色當季水果擺成豐盛繽紛的一盤，還放上了「味噌燒芋頭」，這是將日本傳統發酵物味噌與本土意象十足的大甲芋頭做結合，口感不僅毫無違和，還完整引出新鮮檳榔芋的香濃鬆甜。

我心中的私房米其林

而對澱粉的「飽足感」情有獨鍾的美食者，務必試試這款劉姊巧慧獨具的「蓮子黑米茶油飯」。米白色霧潤的白河蓮子，在一粒一粒黑米間揮灑出珍珠似的美感，再淋上坪林特有純度百分百的包種茶油，使這鍋黑中有珠光的米飯更添清香。

現做的飛龍頭「豆腐丸子」，豆香濃郁、豆體扎實，使用少量的陳源和醬油即淡雅有韻。

包種茶油是新北市的安心油品，經過日曬、脫殼、炒熟、壓榨、過濾、沉澱等繁複步驟而成，我經常在外食中獲取料理靈感，而小小蔬房儼然是座料理寶庫，這裡有劉姊四處搜尋而來的好食材、好調味料、好油、好鹽和好糖，她以包種茶油來發想這款漂亮的米飯，第一口就讓人心神大振，米的千變萬化，劉姊從從容容呈現。

最簡單的菜，往往越有魔鬼的細節，越能考驗料理人的技藝與天分，你若坐在爐頭前看劉姊優雅、瀟灑、毫不費力做出一顆又一顆的「野菜飛龍頭」，吃到她火候完美、鹹甜平衡的金沙南瓜鹹派，必然會像我一樣，將「小小蔬房」封為自己心中的私房米其林哪。

番紅花今日菜單

蓮子黑米茶油飯

使用本地黑米、糙米、紅薏仁、蓮子、茶油、麻油，依序細心處理，先蒸煮後拌炒，蒸逼出米飯本身的香氣。

蔬房季節一大盤

選用當季時蔬，以各種不同而恰當的料理手法調味蔬果，例如香料烤蔬菜、野菜鮮菇、墨西哥街頭風味辣玉米筍、味噌燒芋頭，以及自製沙拉與水果切片。

野菜飛龍頭

蔬食版的獅子頭，以豆腐為主體的豆餅，豆香濃郁、豆體扎實，用少量的陳源和醬油煎炙得赤赤，即淡雅有韻，口感絕佳。

金沙南瓜鹹派

將當季有機南瓜加入拌炒後的鹹蛋，一起調和成鹹派的內餡，充滿鹹香甘甜；餅皮則以日本成分無調整小麥粉、十八麥全麥麵粉製作，酥鬆不膩而充滿麥香。

艋舺楊桃戚風蛋糕

來自艋舺阿波伯的蜜汁楊桃片以及公平貿易的洋甘菊，加入使用人道飼養放牧雞蛋與日本成分無調整小麥粉製作的戚風蛋糕裡，清新鬆柔鹹甜交融，引人驚喜。

（菜單將會不定時變換，以當日、當季餐廳呈現為主）

小小蔬房　｜創意蔬食料理｜

台北市萬華區漢口街二段 125 號

02-2311-1168

12:00-20:30／週日至週三公休

Facebook：小小蔬房

★ 個別餐廳營業時間與訂位規則，請參考餐廳營業資訊

基隆

八斗邀友善餐廳

詮釋基隆風土，做菜釀酒漁夫鍋

你不能隨興跑到八斗邀
就以為有飯吃，
戴秀真很可能不在店裡。
她很可能跑去處理社區營造，
或在港邊整理漁獲。
想吃到基隆鮮甜有勁的小卷、
飛魚卵與螃蟹，
你就得先預約。

關於基隆，我們想到的是

我問了幾個十歲孩子，提起基隆，你們會想到什麼呢？他們眨著天真、晶晶亮亮的眸子，此起彼落回答：「基隆是雨都，一直在下雨」、「基隆廟口的營養三明治和泡泡冰，好好吃！」我又問了幾個日本朋友，是什麼吸引他們展開基隆的散策呢？他們無比認真地說：「一邊看港邊郵輪一邊喝咖啡，這是台北沒有的生活呢……」我再問了幾個牽著寶寶小手、在基隆火車站準備返家的年輕父母們，為什麼不怕麻煩、帶著寶貝搭火車來到這裡呢？他們熱情地說：「因為這裡有博物館又有潮境公園，聽著海浪聲、奔跑放風箏，好療癒……」

這就是基隆。一百個人會給你一百種基隆的玩法。如果你問我愛上基隆的什麼，我會打開地圖指給你，這裡有選書精采的獨立書店，這裡有全國第一好吃的元宵，肝腸和豬腳湯也是老饕的最愛，這裡有海色湛藍得發燙的象鼻岩，這裡有美得要命的和平島步道，這裡有歷史建築阿根納造船廠的故事，這裡有仁愛市場可以洗頭、買菜、吃咖哩炒麵和生魚片，當然，你更可以半夜來到崁仔頂，擠在沸騰的人群裡，感受漁市場最魅惑人心的脈動……

愛上八斗子氣味的女人

不如今天我們來聊聊基隆的八斗子。最美的臨海支線——深澳線，從瑞芳、海科館一路延伸到最終站八斗子車站，這一站依山傍海、海天一線，被譽為「北台灣的多良車站」。原是一座獨立島嶼，日治時期為興建北部火力發電所，因此填土造陸而與台灣本島銜接，也形成了八斗子灣及漁港，與和平島日夜相望。

在海洋大學度過青澀求學歲月的戴秀真，畢業後卻再也離不開基隆的海風、人事與環境永續議題，因此和事業夥伴一起在八斗子老街僻靜的一角，開了「八斗邀友善餐廳」，讓旅人來到這裡，有海可以看，也有來自大海的鮮甜食物可享！

有個性的是，為了不浪費食材，戴秀真堅持採「預約制」，有多少預約就備多少料，不必因為等待無法預期的客人上門而多備了食材、最後卻可能丟棄的命運，只要做到零浪費也就等於做到零廚餘。

所以你不能「隨興」跑到八斗邀友善餐廳以為有飯吃唷，戴秀真很可能不在家。她可能跑去處理社區營造的公共事務，或在漁船邊整理新到的漁獲。想喝到最接基隆地氣的精釀啤酒，想吃到基隆鮮甜有勁的小卷、飛魚卵與螃蟹，你必得計畫性地打電話或留訊息預約，戴秀真就會為了你的到來，當天一大早上菜市場買多種新鮮蔬菜，為你呈現她最用心的料理。

跟著時節吃火鍋，放入當季蔬果熱煮，寒涼冬日來一碗，滿足肚腹又能暖身暖心。
獨創的一鍋兩吃！熬煮過蔬菜後，接著將海港直送的船凍海鮮下鍋，
再倒入自家精釀的柚香啤酒，味美肉鮮滋味好極了。

最短碳足跡的山珍海味共治一爐

靠海吃海的基隆，海鮮火鍋始終有其經典地位，八斗邀的「柚饗藥泥」漁夫鍋，暖客人的胃也暖了當地漁夫與農人的心。基隆山藥品質全國聞名，戴秀真將它與本地海物相結合，客人在店裡圍坐成一圈，望著鍋子上炊煙氤氳，無不食指大動。

名字至為有趣的「柚饗藥泥」，係取材入秋以後的當令白色蔬食，囊括了山藥、蓮藕、大小白菜、鴻喜菇、豆芽菜，有潤肺之效，更能助攻湯頭的清甜，引出船凍黃金蟹、大頭蝦、鎖管、透抽之極鮮。連高湯都不需要，直接豪邁地倒入自釀的柚子啤酒，蒸氣熱騰瀰漫著陣陣柚麥香。

這漁夫鍋可不是將所有食材一股腦地丟入鍋子裡共煮，龜毛的戴秀真自有其「開鍋」流程。必須以白色蔬菜開場，

先喝口清湯開開胃；再依序放入鎖管、透抽，涮個兩下，等變色即掌握黃金賞味時間，大口品嚐其Q彈；而魚丸與吉古拉（竹輪）絕不可少，是「吃巧的好配角」！

一邊吃一邊啜飲啤酒，那最吸睛的甲殼類放在最後頭，此時七分飽，將黃金蟹與大頭蝦，緩緩放進滾燙起霧的鍋中，待高湯再次冒泡，即可動手剝殼吮指嘖嘖嘖。我們將八斗子最短碳足跡的山珍海味，共冶一爐，再配上一碗宜蘭自然農法種植的小鵲米，一切都是珍而惜之的心情。

大口乾一杯
基隆地產釀的啤酒

而旅人千萬不要小覷八斗邀這小小食坊所推出的啤酒，強調台灣風土在地精釀，追求「地酒配地食」，每一款都造有特色，有「潮境」啤酒、「雞籠」啤酒、「瑪陵」啤酒，和完全不含酒精的「北火」。

假日愛跑潮境公園的我，自然對「潮境」啤酒充滿好奇。潮境公園一帶水質潔淨，各種海藻隨著潮汐而豐盛生長，除了石花菜、頭髮菜和紫菜，還有生長在潮間帶海蝕平台上的綠藻「石蓴」。石蓴的每株每葉，均須以人工採收、清洗，烘乾、打碎，而「潮境」啤酒的發想，是在釀造啤酒的過程，將石蓴綠藻

將基隆獨特食材，成功轉身為受歡迎的精釀啤酒，推出一系列別具特色的「地酒」；
其中「雞籠＋潮境」禮盒組，更獲基隆十大特色伴手禮。

粉以「乾投」的方式投入麥酒中，與特選過的美系啤酒花香氣充分調和，聞起來有顯著的酒花及「大海氣味」，口感清爽且苦韻紮實，特別適合與清蒸海鮮如透抽、鎖管、明蝦搭配。

而「雞籠」啤酒的創意也不遑多讓。如黑咖啡般的發光色澤，讓人無法猜測的香氣，究竟是單品咖啡還是黑麥啤酒？以雙倍烘焙過的台灣硬紅冬麥，發酵出厚實的麥香所轉醇的濃香，初飲帶有揮不去的微微逼苦，約三十秒過後，滲入基隆七堵野生紅淡蜜的細緻甜韻，開始在口腔逐漸散發，那黑麥及蜂蜜充分融合的多層次風味，喚醒了舌根上的每個細胞，尤其適合搭配 BBQ 和碳烤類海鮮。

用鐵盒外送百元友善便當

一家預約制的小餐廳，卻充分體現珍愛八斗子的心情，戴秀真還創立了地方上的「便當預定」，這便當最厲害的是不使用一次性耗材，店裡永遠備有八十個便當鐵盒，以此盛裝特色便當給客戶，便當盒收回來後再逐一清洗晾乾。

我問她，「這麼做妳不嫌麻煩麼？」總是爽朗樂天的戴秀真說，「回收鐵便當盒、洗便當盒確實比較累，但是，別小看這種『無塑的累積』，時間會為它帶來很可觀的成效，我算過，如果出了兩萬個便當，就表示我少用了兩萬個廢棄塑膠盒，大地和大海也就少了兩萬個廢棄餐盒的汙染，這個誘因有多大，我怎麼能不用鐵便當盒呢！」

就是關於海洋環境生態的這些那些，讓「八斗邀」友善餐廳成為八斗子閃閃發亮的一處所在。貓兒在這裡自由而安全地被守護，「地方創生」與「社區營造」被低調而真誠地實踐。行經基隆，「巴豆腰」了嗎？這裡有精采的套餐、鍋物和精釀啤酒，準備好給探索八斗子美食的你。

番紅花今日菜單

柚饗藥泥

秋冬時節最宜煲湯益氣，煮鍋放入季節時蔬，搭配基隆得天獨厚的黃金蟹與鎖管等原船凍海鮮，再倒入橙柚風味的自釀啤酒，滿鍋生香。

山海簡餐

嚴選當季漁貨、飛魚卵香腸、船凍鎖管、當季友善蔬果，配一碗無農藥的飯，再喝一碗魚丸湯，吃進的是正港八斗子的海口滋味。

基隆在地精釀啤酒

取基隆在地材料入酒，石蓴綠藻粉、蜂蜜、樹梅、柚子等。定番款有「潮境」、「雞籠」、「瑪陵」、「北火」，更有季節限定的口味。

（菜單將會不定時變換，以當日、當季餐廳呈現為主）

八斗邀友善餐廳 ｜無菜單套餐｜

基隆市八斗街 35 號

0928-066-052（食材預約制）

週三至週日 11:30-14:00、17:30-20:00／週一、二公休

Facebook：八斗邀友善餐廳

★ 個別餐廳營業時間與訂位規則，請參考餐廳營業資訊

新北坪林

坪感覺

坪林百年老屋的
創意茶食×茶山體驗

來到坪林老街的「坪感覺」，
一大碗「蜜香紅茶滷肉燥」配白米飯，
好幾塊包種茶瑪德蓮，
一鹹一甜，一中一西，
美好的滋味，
讓北勢溪流域小鎮的四季茶葉，
在旅人舌尖上，輕盈跳舞。

再一次認識茶與茶鄉

日本人用茶湯來泡飯，浙江人用龍井茶來滑炒蝦仁，而台灣茶世界聞名，我也試著以台茶入菜。二〇一九年在為嘉義布袋的洲南鹽場，設計「謝鹽祭」的國民便當時，我便以嘉義阿里山的炭焙烏龍和布袋的養殖白蝦仁一起清炒，為嘉義食材呈現新風貌，讓茶突破「飲品」的單一面貌，賦予它更多的可能。

而這一次來到坪林老街的「坪感覺」，我吃了一大碗「蜜香紅茶滷肉燥」配白米飯，也品了好幾塊包種茶瑪德蓮，一鹹一甜，一中一西，美好的滋味，讓北勢溪流域小鎮的四季茶葉，在旅人舌尖上，輕盈跳舞。我忍不住輕嘆，坪林有「坪感覺」這年輕團隊駐紮深耕，在守護傳統裡開出清新的花朵，真好！

自從雪隧通車，坪林的旅遊光環不復，反而因此留住它「茶山古溪」的精緻、清雅與溫柔。蜿蜒而過的北勢溪，海拔高度四百至五百公尺、偏酸性而排水與透水性皆佳且富有機質的土壤，氣候溫暖潮溼，雲霧繚繞，這一切都是造就坪林茶葉產業的絕佳條件，聞名全國的「北包種、南烏龍」，即點出包種茶的代表性地位。如果你喜歡喝茶、熱愛大自然、信仰森林療癒、對賞蕨有熱情、喜歡在山脈和溪流的環繞下騎單車或健走……那麼坪林一年四季都張開雙手歡迎你。

一對來自南部的青年男女

「坪感覺」創辦人阿德（蔡威德）和嫻嫻（吳姝嫻）這一對年輕夫婦，就是被坪林山水給黏下來了。阿德來自雲林北港，嫻嫻來自台南關子嶺，他們從來沒想過人生會與坪林有任何連結，卻因緣際會在台北念工業設計研究所時，跟著老師深入坪林地區訪查做田調；本來就喜歡和老人家聊天的阿德，和地方上的阿公阿嬤以及老店鋪逐漸有了信任與情感，結果碩士論文交了、順利畢業了，阿德和嫻嫻卻沒有再返回台北展開人生新階段。

他們決定落腳坪林金瓜寮路3號，把這間老房子租下來，一邊生活一邊思考如何從坪林在地的生活視角，有效活化地方產業，讓旅人看見坪林、走進坪林、感受坪林、享受坪林。順著簡單、明白的地址，二〇一四年六月，阿德和嫻嫻攜手創立「金瓜三號」，透過各種美麗、有趣的活動設計與推廣，讓大家注意到原來坪林生態「美成這樣」！

累積五年經驗的深度參與式旅遊推廣，阿德和嫻嫻於二〇一九年夏天，在坪林老街口，重整了擁有一百五十年歷史、幾近崩塌的石板老宅，誕生了第二個孩子：「坪感覺」。「石頭厝」是坪林傳統特色建築，如今在這兩百公尺長的老街，石頭厝僅餘最後的兩棟。每當帶導覽，阿德一定要旅客好好端凝老厝之美，也許外人視阿德為「外地文青」，但我站在「坪感覺」老厝前看見老屋新生的溫柔光輝，不得不為這北港男孩對坪林的深情擁抱，內心喝采。

展演四季風土的茶料理

阿德和嫻嫻將「坪感覺」定調為多功能的複合式餐飲空間，提供季節性套餐、甜點、原葉茶、特色選物，並結合小農直賣所、藝文展覽與活動等空間。擅長花藝的嫻嫻，運用大量乾燥與新鮮植物，並藉由各種蕨類的巧妙展現，整體營造出淺山茶鄉地區的風華與浪漫。在這裡吃飯或喝茶，吃飽或吃巧，坪感覺都將「茶」元素融入其中。

坪林最大的資產就是擁有「香、濃、醇、韻、美」五大特色的包種茶，以及經小綠葉蟬叮咬而產出獨特蜜甜味的蜜香紅茶，因此我聽到嫻嫻的「滷肉燥」以在地蜜香紅茶湯來解膩提香，不禁為這創意叫好。

滷肉燥是許多台灣人日常餐桌裡的重要回憶，每個媽媽都有她自己的滷肉燥配方，每家小吃店也有他自己的獨家滋味，那麼來到坪林想吃碗白飯配肉燥，還有什麼比紅茶湯入肉燥汁，更有在地特色的呢？重點是還真好吃！

「坪感覺」的茶香肉燥，不澀不肥，潤而不油，香而不膩，西螺柴燒手工醬油與蜜香紅茶的充分入味，再佐以坪林當地青蔬與鳳梨香蕉豆腐乳等配菜，讓喜愛吃白米飯的人，獲得至大的滿足。而專為蔬食者所設計的「南瓜時蔬菇菇」也精緻可喜，將南瓜與多種菇蕈以煎、烤、拌、炒等多重料理手法，吃出蔬菜原始的清甜與新鮮。

甜點蘊藏著深度的坪林意象

「坪感覺」搭配熱茶或咖啡的甜點，更見巧思，「融入在地精神」對料理人來說，究竟是限制或特色，端賴料理人對地方專有食材有多少的認識與愛。坪感覺團隊陸陸續續端出了包種茶生乳酪蛋糕、包種茶瑪德蓮、包種茶奶酪，甚至在母親節時，以坪林地方媽媽所醃製的梅乾菜，設計成別具特色且大獲好評的「梅乾菜重乳酪蛋糕」。

畢竟在這地方「蹲」了快六年，從「金瓜3號」一路走到「坪感覺」，我從這份菜單的發想與執行中，看到深度的坪林意象，吃到坪林在地飲食文化的新舊融合，「活潑的新意承接了舊日時光的美好」，是我對蜜香紅茶肉燥飯和包種茶生乳酪蛋糕的讚頌。

有很多很多的好理由值得你來坪林走走。這裡是翡翠水庫上游的水源保護地，這裡有冰河時期孑遺植物

「台灣油杉」的自然保留區，這裡的文山包種茶「乾茶有甜素蘭花香，沖泡時香氣清揚，茶湯成蜜黃，有幽雅花香味」，並發展出獨特的「製茶一條龍」工藝，這裡的老街短而精緻，這裡的賞蕨和賞魚四季皆宜，這裡溪畔的茶席體驗不遜於京都……「坪感覺」團隊將這一切行旅體驗深度化，雖然是一棟百年老厝的小餐廳，卻引導旅人走進坪林、吃懂坪林、愛上坪林。

喔對了，別忘了讓阿德帶你去對面雜貨店吃那顆熬煮七十二小時的包種茶葉蛋，香噴噴、熱呼呼，再慢慢踱往溪流貫穿的茶鄉……

番紅花今日菜單

（菜單將會不定時變換，以當日、當季餐廳呈現為主）

蜜香紅茶滷肉燥

滷肉燥以西螺柴燒手工醬油與蜜香紅茶入味，搭配文山包種茶香飯，再附上季節時蔬佐鳳蕉豆腐乳、泡菜、烤南瓜，以及絲瓜味噌豆腐湯。

番茄蔬菜咖哩豬

用番茄燉煮咖哩與豬肉塊，再放上蘋果切片與秋葵，口感甘甜清爽，配著使用池上台梗 9 號蒸煮出來的文山包種茶香飯，相當有滋味。

包種茶生乳酪蛋糕

選用坪林在地包種茶、鮮乳坊等優質原料精心製成。質地綿密，奶香與茶葉的清香交織，是款清新風格的茶系乳酪蛋糕。

包種茶瑪德蓮

同樣是店內高人氣的甜點，包種茶加入經典瑪德蓮，清爽的台茶口感中衡了法式甜點單一的香甜。

坪感覺　｜茶風味套餐｜

新北市坪林區坪林街 12 號

02-2665-7210

週四、五 11:00-17:00、週末、週日 11:00-19:00 ／週一、二、三公休

Facebook：坪感覺 JustPinglin

★ 個別餐廳營業時間與訂位規則，請參考餐廳營業資訊

台北大安

泔米食堂

帶來餐桌季節感的好好吃碗飯

輕聲推門而入，
陌生人彼此並肩坐下來，
小小的房子只能接納十四席，
每天僅供應一款一汁三菜的料理，
卻能「黏住」不少懂吃、
愛吃的客人，
莫非菜色的設計，有其過人之處？

每日僅供一款米飯料理

現在的孩子，可能不太有機會在嬰幼兒時期喝過「泔」——也就是米湯。但四、五年級生，多半在幼年生病脾胃虛弱時，由阿公阿嬤或父母，一手環抱、另一手持瓷湯匙，哺餵我們一口又一口溫熱的米湯。滑稠潤澤的「泔」充滿懷舊色彩，當人們幾乎淡忘米湯的滋味時，曾被媒體封為「找米獵人」的「土生土長」創辦人顧瑋，卻悄悄地和店長劉馥滎，在二〇一七年，於和平東路巷弄一棟隱迴的老房子，開了「泔米食堂」。

精確來說，教育部閩南語字典對「泔」

老房子改建成的食堂僅能接納十四席，但小巧細緻的空間相當舒適。

的解釋是：米湯。例如：啉泔（lim ám，喝米湯）、撩泔（lió ám，舀取稀飯最上面的湯汁）。民間最簡便的說法，則是浮在白粥上的清米湯，就叫做「泔（ám）」。以「泔」為名，顯見顧瑋和劉馥熒對「米」的執著，和「再造台灣味」的企圖心與實驗性。

兩年來，不僅住在附近的居民和上班族推開了泔米食堂低矮的門，食堂也持續而穩定地吸引香港、韓國、日本等地的旅人，他們事先上臉書預定席位，然後在遠道而來的訪台日子裡，輕聲推門而入，陌生人彼此並肩坐下來，點一套泔米食堂的當日限定。雖然小小的房子只能接納十四席，沒有制式菜單，強調「專注做好比豐富性來得重要」，每天僅供應一款一汁三菜的料理，如此大膽、小眾、非主流的經營理念，卻「黏住」不少懂吃、愛吃的客人，莫非菜色的設計，有其過人之處？

復古又溫馨的用餐空間，延伸出充滿節氣與自然感的布置。

台味食材，永續又在地的菜單

回顧沺米食堂這一年來的菜單軌跡，沒有繁華錦繡的菜名，只有樸素內斂、但行家自會眼睛一亮的料理。像是：剝皮辣椒燉牛肉、鳳梨洛神炒蝦、金針香菇豆皮雞、椒麻腐乳燉豬、茄汁蛤蠣燉高麗菜捲、油漬番茄破布子中卷、紫蘇番茄破布子拌小卷、百香洋蔥甜椒漬鬼頭刀、烏魚排佐絲瓜干貝醬汁、丁香小魚炒雞腿、咖哩樹豆牛肉、馬告風味雞腿、紅糯米酒糟雞腿。看到了麼？沒有一樣主食材不是來自台灣，但組合卻何其新穎。

沺米食堂極重視《綠色餐飲指南》的永續與環保精神，像是二〇一九年春天推出的「油漬番茄破布子中卷」，是採購「湧升海洋」的新鮮中卷，先用油漬鯷

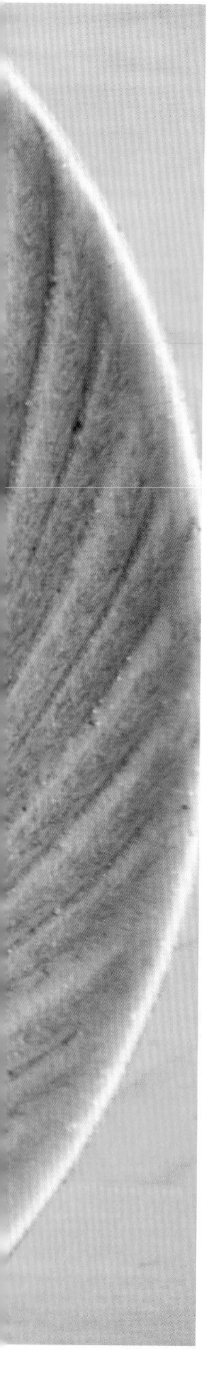

魚跟蒜頭小火爆香，再加入破布子、紫蘇和油漬番茄一起耐心拌炒，隨後倒入希臘早收冷壓初榨未過濾的橄欖油，以低溫慢火和最細膩的耐心，煎煮中卷至熟，再灑上九層塔及新鮮番茄，一道漂亮而充滿甘味、海味芬芳的料理，於焉完成。

而廣受主顧客歡迎的「丁香小魚炒雞腿」，不計成本採用「土生土長」的「油漬豆豉丁香小魚」，天然低溫焙炒的發芽花生油、台灣海域的丁香魚、黑豆蔭豆豉，三者為新鮮的雞腿肉譜出鹹香下飯的好味道。畢竟是用屏東原生種小黑豆，那份歲月和職人共同打造的「鹹」，其韻味與層次在顧客口中持久不散。

另一款雞腿料理——「金針香菇豆皮雞」，亮點則來自三峽「禾乃川國產豆製所」的新鮮手工豆皮，素雅的豆皮被香菇和金針的天然鮮味所包圍，刷新我們對雞腿肉的想像。又如「椒麻腐乳燉豬」，以「台灣禧福」椒麻豆腐乳去燉煮米其林餐廳指定採用的「花田喜彘」豬軟骨，一切的食材和調味料都最上乘！

乾燥洛神花搭上蝦仁，讓人食指大動的鳳梨甜椒洛神炒蝦。

店長劉馥熒說，湉米食堂所有餐點的調味醬油，只用以原生種黑豆製成的無糖蔭油，原料透明單純，只有屏東自然農法栽植的原生種滿洲小黑豆、水和海鹽，沒有添加焦糖色素，以製麴發酵的古法釀製，生產出清澄琥珀色的絕佳醬油。

法式料理出身的主廚

那麼，是誰想出用百香洋蔥漬鬼頭刀的呢？是誰巧妙將樹豆和牛肉做結合？是誰讓台味十足的烏魚排，趣味地裹上絲瓜干貝醬汁？像是有人在幕後施展魔法，讓台灣味有另一種風貌的詮釋。劉馥熒眼睛發出亮光說：「是Dana呀！她每一季為湉米食堂發想新菜色，然後來這裡的廚房教我們怎麼做，直到我們煮出來的成果達到Dana嚴厲的標準，才能推出到客人面前。」我一聽大吃一驚，在湉米食堂竟然花三百多塊錢就能吃到超高水準食材的套餐，而且還是出自台灣法式料理頂尖主廚Dana的主導！

食堂選用在地的好食材與調味料入餐，更可以吃完就直接在店內買到部分商品喔！

泔米食堂店長劉馥熒，離開待了近 20 年的公司後，加入了「土生土長」團隊，幾年前一起創立了旨在專注好好吃飯的泔米食堂。

Dana（游育甄）主廚經歷不俗，她曾跟隨過新加坡名廚郭文秀（Justin Quek）多年，也曾在台北的侯布雄餐廳（L'ATELIER de Joël Robuchon），擔任日籍主廚須賀洋介的助理。美術系畢業的她，對於菜色的思考從不受限制，色彩和口味的搭配，處處可見其慧心和靈思，尤其注重「軟」加「脆」、輕重味道的層次搭配。工作忙碌的她，願意撥出時間為泔米食堂的在地料理，提出新企畫、新想像，為台灣綠色餐廳注入一股新活水，難怪連外籍旅人也愛慕泔米食堂的美味。

台灣好米的完美演繹

上山下海鑽研台灣米數年，甚至推出《米通信》專刊的顧瑋，和伙伴也共同推出別具特色的餐前飲「桂花釀泔湯」。濃稠的泔湯加入石碇桂花農場的鮮採桂花釀，米香與花香相互激盪，風味意外地甘美。

此外，還設計了米冰淇淋、米香穀片優格為套餐後甜點，無不帶給客人驚喜，沒想到隔餐的白飯冷凍保存後製成米冰淇淋，口感竟如此綿密優雅；質地細潤的優格，只要撒上酥脆的雜穀米香，淋一圈香氣馥郁的龍眼蜜，就為這餐飯畫下最完美的句點。

當然，「選米」永遠是泔米食堂最閃亮的那顆星，蘭陽平原一年一穫的「雪福米」（越光米改良品種：夢之華），口感Q彈、米粒飽滿，單吃就很美味；花蓮豐濱鄉石梯坪種植的「海稻米」，煮時香氣四溢，入口甘芳有韻；全台灣各地風味最好的米，都會在這裡有計畫性地推出。

泔米食堂滿足我們對米飯之美的挑剔，如果你追求台灣山巔水湄的友善食材、風土料理的精緻呈現，泔米食堂會是你在台北的好選擇，簡單吃，深沉的滋味。

番紅花今日菜單

金針香菇豆皮雞

素雅的豆皮被香菇和金針的天然鮮味所包圍，刷新我們對雞腿肉的想像。套餐附有當季小菜三碟、熱湯一碗、當季選米。

鳳梨甜椒洛神炒蝦

這是2019年夏天的新菜單：鳳梨甜椒洛神炒蝦，相當令人驚豔的滋味！附有當季小菜三碟、熱湯一碗、當季選米。

紅米蛋糕

以部落原生紅米、放牧雞蛋與豆漿製成，帶有芬芳的芋香，蛋糕體更有著米穀粉特有的保溼綿軟口感。

（菜單將會不定時變換，以當日、當季餐廳呈現為主）

泔米食堂 ｜米飯定食｜

台北市大安區和平東路二段175巷12號

0905-244-754

11：30-14：00、18：00- 21：00／週四公休

Facebook：泔米食堂

台北大安

Plants

純淨、豐饒、美麗的全食物料理食堂

這裡的所有食物均是植物性、
無麩質、無乳製品、無精製糖；
使用有機、友善、自然農法
及非基因改造食材。

Square 和 Lily 共同打造了
Plants 的理性與感性，
讓你一個人來這裡用餐很舒服，
三五親朋好友在這裡也絕不失望。

除了健康訴求，蔬食也能有趣、好吃！

帶著微微氣泡感的發酵茶「康普茶」，這幾年在全球追求天然、健康的飲食圈蔚為風潮，Plants 餐廳更以台灣名滿天下的茶葉，釀出獨具一格的康普茶，讓本島有機白毛猴和南投友善青檸葉的共舞，發酵釀製成帶有檸檬香氣的季節限定天然飲品，風味之好，大勝一般業界速成製造的茶手搖，也巧妙展現台灣茶葉另一種可喜風貌的變化。

不只是飲品的用心，說起美味、美麗、當令的蔬食料理，Plants 總是讓人引頸期待。只因創辦人 Square 和創意主廚

Plants 創辦人 Square（左）和主廚 Lily（右）在工作中培養出非常好的默契。（Plants 提供）

Lily 兩人都太會玩食材，養成許多熟客每週固定上 Plants 臉書的習慣，看看 Lily 又推出什麼快閃、限量、菜單上沒有的料理。尤其以 casual dining（休閒餐飲）為訴求的定位，成為台灣第一家緊緊擁抱植物性（Plant-based）、無麩質（Gluten-free）、全食物（Whole foods）、裸食（Raw food）飲食理念的餐廳，更是餐飲界一股獨特的清新。畢竟沒有扎實的廚藝養成與美學訓練，casual dining 難以深刻而不造作，如何讓蔬食既天然又精緻、時尚，打破蔬食是「養生料理」的傳統刻板印象，這一路走來，Plants 卻未曾感到孤單，受到許多客人的支持與喜愛，此才華洋溢又萬分執著的年輕團隊，越走越穩健了。

Plants 被媒體譽為台灣「綠色蔬食新浪潮先驅」，尤其擅長「將熱食混搭以四十五度以下低溫烹調不破壞營養素及酵素活性的裸食」，打造出蔬果的細膩層次風味。而說起蔬食，或說起全植物料理，多數國人的直覺反應和西方人

近年席捲全球的 Vegan 風潮，已成為有趣、時尚的全新生活體驗。（Plants 提供）

不太一樣，我們多半會聯想到「吃素」、「養生」、「吃健康」、「宗教信仰」、「不殺生」等種種為己或為天地萬物的「使命感」，然西方這幾年所席捲的 Vegan 風潮，卻帶著更多滋養身體之外「去吃好料的」、「有趣」的輕鬆意涵，尤其在許多國際名流紛紛加入倡導蔬食生活的行列，更將蔬食推向前所未有的浪尖。

為了打破國內「蔬食不只是養生」的傳統定位，儘管在台灣推中價位蔬食已經不那麼容易了，Plants 依舊堅持往 casual dining 的方向去發想，研究「全食、有機、永續」為核心的烹飪美學，讓蔬食擺脫沉重的情感訴求，成為美麗舒心的飲食享受。期盼當大家在搜尋「來點好吃的」的時候，蔬食也可以和燒肉、拉麵、酸白鍋、川菜、泰國菜、義大利菜……成為你我心頭「好吃的」、「派對的」選擇。

全蔬食菜單的理性與感性

經營 Plants 一片癡心的 Square 和 Lily，假日經常在水花園有機市集採買新鮮、優質農產食材，全心全意追求的是「最好吃、最綠色」，而不是「最省錢、最方便、最省成本」，打開 Plants 菜單，整個團隊用力拉出蔬食料理的高度與厚度，讓人全然忘記「無肉不歡」這回事，沉浸在色彩繽紛與誘人美味的餐盤裡。

「所有食物均是植物性、無麩質、無蛋、無乳製品、無精緻糖。使用有機、友善、自然農法及非基因改造食材。」因著這樣的主張，Square 和 Lily 共同打造 Plants 的感性與理性，讓你一個人來這裡用餐很舒服，三五親朋好友的聚會也絕對不失望，甚而如果你想在這裡辦一場精緻、美麗、溫暖、多彩、好吃極了的蔬食婚宴，Plants 也有多次成功絕倫的經驗。

這裡最受各年齡層歡迎的，是巴西莓果缽，但當天我品嚐的「木瓜派對缽」，以國產有機小農木瓜和有機小農香蕉一起打成的香甜果泥，搭配廚房每日自製堅果奶的奇亞籽布丁、可可枸杞催芽穀片和自製無精緻糖生巧克力醬，一吃就讓人傾心，說它是療癒甜點，它是；說她是一道帶來飽足的主食，它也是。吃完這一缽，身心靈好滿足，同時也友善了大地萬物。

中東扁豆法拉費。（Plants 提供）

「巴西莓果缽」。（Plants 提供）

不喜歡待在舒適圈、樂於面對改變的 Square，要求 Plants 依照時令食材創作新菜單，主要是協助小農將過剩的食材或醜蔬菜加以利用，設計限定餐點。對廚房來說，時刻都是挑戰，對客人來說，Plants 總是有新亮點。

像是菜單上強調「最能帶來滿足感的」，有自製木瓜捲皮和友善酪梨做成的「南洋裸食捲」、搭配漬洋蔥和孜然沙拉的「甜菜根咖哩風味飯」、義式香料酸種吐司做成的「白酒奶油蕈菇吐司」、用十多種蔬果和無思農莊活鹽麴烹調成的「椰香薑黃寬粉」、烤催芽扁豆餅和小米塔布蕾沙拉的「中東扁豆法拉費」、醬燒鷹嘴豆天貝和自製活益菌韓式泡菜的「天貝韓式拌飯」……如果你肚子正餓又初來乍到，是不是覺得這有飯有麵有麵包的歐亞非多元料理設計，有趣到讓人高度選擇障礙？

對米飯情有獨鍾的我，點了「甜菜根咖哩風味飯」。決意走casual dining的路線，飯一上桌，馬上看到這道料理的精緻樣貌，凱莉茴香、芫荽、薑黃、番茄、胡蘿蔔、杏仁、孜然燉煮出來的繁複香氣四溢，一起鼓舞著帶點兒嚼勁的花蓮自然農法糙米，斯里蘭卡風味的咖哩香，讓這一盤料理，不僅帶來充沛的能量，也充滿色香味的感官享受。

「南洋裸食卷」。（Plants 提供）

不點主食類也無妨，Plants 的沙拉份量與組成，一樣能讓客人吃巧也吃飽。夏季的「薄荷黃瓜冰沙海藻沙拉」，不說你可能想像不到怎麼會有「冰淇淋」出現在沙拉上！其實這是用新鮮薄荷、當季有機小農黃瓜製成的清爽冰沙，佐以麻油海藻、在地友善生菜、高麗菜、紫蘇、茴香等，以香氣十足的調味醃漬淋上，新奇又討喜的口感，絕對顛覆你對沙拉的印象。

建議你在假日的早上來到 Plants 享用週末限定的清新療癒早午餐，以可可酸種製成的法式吐司，搭配香蕉、柑橘、錫蘭肉桂、純楓糖漿和椰子希臘優格，或是來一份無麩質酸種番茄佛卡夏撒上堅果帕瑪森……天然的豐富食材、純熟用心的烹飪技巧、配色美麗迷人的擺盤，不論是吃飯、喝果昔、點沙拉、品甜點，每次來，每次都不要死忠，每次都要點一道新玩意兒！下次我想點月桃籽康普茶和墨西哥燉辣豆，再下下次我想點佛卡夏麵包條、椰香薑黃寬粉和提拉米蘇。你呢？

番紅花今日菜單

薄荷黃瓜冰沙海藻沙拉

用新鮮薄荷、有機小農黃瓜製成清爽冰沙，搭配麻油海藻、楓糖蘋果醋、在地友善生菜、醃漬藍莓、紫蘇、茴香等調味，黃瓜冰沙邊吃會慢慢融化，越吃越有風味！

木瓜派對缽

有機小農木瓜和有機小農香蕉製成的香甜果泥，搭配自製喚醒堅果奶製成的奇亞籽布丁、自製可可枸杞催芽穀片、時令有機友善水果、和自製無精緻糖巧克力醬。

甜菜根咖哩風味飯

斯里蘭卡甜菜根咖哩，搭配用花蓮自然農法糙米、孜然、凱莉茴香、芫荽、薑黃、番茄、胡蘿蔔、椰乃、杏仁和葡萄乾製成的風味飯。

裸食胡蘿蔔蛋糕

使用有機喚醒杏仁、腰果、胡蘿蔔、椰子、葡萄乾等等有機食材，低溫製成的胡蘿蔔蛋糕，搭配自製肉桂腰果醬，溼潤、溫和的口感耐人尋味。

今夜我要擦口紅（果昔）

小農火龍果、有機生可可、有機小農香蕉、自製喚醒杏仁奶。營養美味的清爽果昔、討喜的桃紅色，喝完就像擦上天然口紅囉！

（菜單將會不定時變換，以當日、當季餐廳呈現為主）

Plants　｜植物性 Plant-based、無麩質 Gluten-free ｜

台北市大安區復興南路一段 253 巷 10 號

02-2784-5677

週二到週四 11:30-21:30（最後點餐 20:30）、週五到週日 10:00 到 21:30（最後點餐 20:30）／週一公休

Facebook：Plants

★ 個別餐廳營業時間與訂位規則，請參考餐廳營業資訊

台北內湖

TiMAMA Deli & Café

宛如自家餐桌
溫馨氣息的吃飽也吃巧

這是一家讓吳念真、柯一正等名導
都極力推薦的小館子，
也是備受附近上班族和鄰居信任
擁戴的秘密基地。
走過十一個年頭的 TiMAMA，
如果每週五六日沒事先訂位，
你幾乎不會有位子。

親切動人的社區餐廳

走進 TiMAMA Deli & Café，身心頓時有股被媽媽溫柔安頓的感覺。一大片落地窗迎進充裕的陽光，大門口內牆貼著一張一個月三百元資助尼泊爾孩子上學的海報，桌上擺著一束束晶瑩的鮮花，石頭灰的布沙發上躺著好幾個綠葉圖騰抱枕，用餐區的牆上懸掛著一張張店主這些年在藏區旅行的照片，這裡雖然不刻意強調「個性」，卻掩不住店主獨特的生活風格。

打開菜單，像是美好的跨國聯姻，映入眼簾的主菜有虱目魚燉飯、成都擔擔風味的義大利麵、霸氣的戰斧豬排、歐洲

TiMAMA 努力打造成一家美好的社區餐廳，
每天都吸引附近的居民與上班族來到這裡吃飯休息一下。

風情普羅旺斯鱸魚排……西式烹調手法與本土食材台洋混合，如此亦中亦西走了十年卻一路大受好評，連辦公室在附近的國內名導吳念真和柯一正，也喜歡來這裡自在悠哉地吃飯喝咖啡。

先讓鄰居們安心、滿意

營運成功的餐廳，其背後必有過人的執著與巧思，我問 TiMAMA 的靈魂人物、人稱「小提媽媽」的林慧婷，當她帶領團隊設計菜單時，最在意的是什麼？

她瀟灑地回答，TiMAMA 始終以「社區餐廳」為目標，讓鄰居們「安心、滿意」是最大的宗旨，不能給客人太大的經濟負擔，最好一家三

TiMAMA 主理者林慧婷，是個愛吃的台南人，因為喜愛吃提拉米蘇而綽號叫小提。是個喜馬拉雅山控與藏區文化控，卻意外在 2008 年因為懷孕怕無法照顧孩子而創業，希望透過料理分享生活的熱情。

口一千元以內可吃飽，然後食材要新鮮、在地、支持有機友善農法；只要掌握好這兩大要素，就不用太擔心客人不回頭。

小提媽媽無疑是將客人的飲食需求，當作自己的家人在照顧，廚房推出的每一道菜，都是她寶貝女兒日常愛吃的料理，這一顆溫柔的媽媽心，打造出 TiMAMA 處處溫暖、自在、舒坦的氛圍，難怪即使位居僻靜曲折小巷，又很少接受媒體採訪，TiMAMA 依舊座無虛席。你一旦推門走了進來，就知道自己的飲食版圖裡，從此多了一處捨不得張揚的祕密基地。

來自阿里山的香糖與故事

例如店裡所用的糖，可不是常見的普通砂糖，而是來自林慧婷丈夫他世居嘉義山區的叔公所種植的高山白甘蔗。採收之後，經由傳統古法熬煮煉製而成的黑糖並不黑，是淺如駱駝的褐色，入口即襲來一股細微的蔗香，當地人稱之為「香糖」。

純手工生產的香糖，產量少、成本高，很少餐飲業者會把成本花在這客人不易察覺的調味料上，但小提媽媽的個性本就不易放過細節，她堅持採用來自丈夫家鄉的好東西。每年熬煮香糖的季節一到，她就請先生去跟叔公下訂單，包下一整年餐廳的糖用量，三分之二拿來做甜點和烹調用，三分之一則送給老客人，讓台北客人也能帶回家在自己的日常餐桌運用香糖，感受香糖特有的風味與魅力。

這是小提媽媽對夫家的貼心，也是她對客人的用心，她不僅默默支持阿里山的傳統製糖產業，也維繫了家族長輩的互動情感，婉轉填補丈夫的思鄉之情，並回饋忠實顧客對她餐廳的喜愛；雖然採購成本多了十倍以上，絲毫不能動搖小提媽媽的心意。也難怪她在市集販售丈夫親做的「香糖手工麵包」時，每一次登場就被秒殺，天然馥郁的香氣是謙虛低調不來的，是會讓人吃了就上癮的。

家鄉的那一棵酪梨樹

另外讓許多上班族不斷回購的「無毒農場水煮蛋酪梨蔬菜沙拉」，豐富多彩的一缽，讓人大感飽足卻不造成任何負擔。

沙拉裡必有這幾年席捲全球美食圈的酪梨，TiMAMA 多數時候採用來自小提媽媽台南娘家種植的有機酪梨，她邊切酪梨邊綻放幸福微笑說，台南老家有好幾株高齡數十歲的酪梨樹，爸媽照顧這幾株老酪梨樹不遺餘力，枝肥葉綠，每年夏天總是結實纍纍，一株樹可結數百粒果，純供自家人食用，不對外銷售。

身為酪梨控的我，嚐了一大口，瞬間驚豔不已，這酪梨奶香凝脂、Q彈扎實、油滑濃郁，完全展現台灣酪梨獨有的風味。

除了酪梨精采，沙拉的水煮蛋也不馬虎，係採用南投埔里青農所推展的人道飼養「有雞吃蟲自然農場」。這家畜牧場非常特別，以微生物混合黃土打造雞舍的床，用廚餘養黑水虻來當作蛋雞的優質蛋白質來源，每一隻雞都生活在通風無臭且食物健康的環境，因此生產出有別於一般籠飼的高品質人道雞蛋，水煮之後切成片，為這一缽田園沙拉帶來修復細胞必備的蛋白質。

沙拉總要來點酸，讓味道更有層次更立體，而小提媽媽愛用「鳳梨」來鋪陳沙拉缽裡高雅的酸香。與鳳梨譜出協奏曲的，是粉紅胡椒和綠薄荷，讓鳳梨的迷人微酸，還有著清新、美妙的味道。而沙拉的關鍵性主體：新鮮的多種葉菜，則來自鄰近內湖山區的友善農法小農，每日由農夫產地直送，不僅將食物碳足跡縮到最短，並確保葉菜的翠綠新鮮。

以努力與大膽做菜

這天廚房端出了：香辣澎湖小管醬細圓麵、台南風味虱目魚燉飯、松露野菇起司燉飯、香煎戰斧豬排搭季節炒蔬菜，每一道都可以強烈地感受到，西式烹調手法結合本土食材，營造出台洋混合的跨國風味。

不過，有一道點單之外的菜，意外地成了我個人最愛的必點料理，那就是「老成都擔擔風味細圓麵」。

受到名導吳念真啟發的這道「台南風味虱目魚燉飯」，
小提媽媽將台南鄉愁完美地融入義式燉飯裡。

這幾年川菜在台灣蔚成一股風潮，許多業者都自稱「正宗」，向來無辣不歡的我，尤其鍾情於四川料理將「麻」、「辣」共治一鍋的特色，餘韻無窮，辛香深沉，油潤芬芳，鮮味富麗。不過，TiMAMA 廚房裡的主將一為台南女兒一為嘉義男兒，地理上跟川菜一點淵源都沒有，我不免懷疑，她做的川味擔擔肉燥，真的會好吃嗎？

抱著忐忑的心情，我以叉匙捲起第一口紅油潤滿的義大利細圓麵，一入口忍不住低聲驚呼：「怎麼這麼好吃！擔擔風味正統，與麵條融合為一，是令人激賞的創意義大利麵！」原來這不是小提媽媽看食譜或網路影片就摸索出來的擔擔肉燥醬，為了做出正統的擔擔肉燥醬，連續兩年她遠赴四川，親自跟當地老餐館師傅學做四川菜，她要的不是「做得像」，而是要「做得道地」、「做得好吃」。回台後小提媽媽發揮巧思，讓自製紅油與擔擔肉燥醬，成為義大利麵的新亮點。

我喜歡小提媽媽的這份努力與大膽，這麼小的一家店，卻願意為了追求成長而跑去遠方四川學做菜，一點也不符合成本效益，真是傻地可愛。

TiMAMA 不僅僅是綠色餐廳，她接待你宛如遊子返家，我在這裡像廢柴般整個放鬆如泥，捲起麵條，發出滿足的嘆息。

番紅花今日菜單

香辣澎湖小管醬細圓麵

以澎湖來福樓自製的小管醬調拌細圓麵，充滿海鮮與蔥蒜的濃厚度；同時還有白酒、柴魚與淡淡的奶油香氣，鹹香口感讓人欲罷不能。

香煎戰斧豬排搭季節炒蔬菜

菜單上主廚推薦的重量級餐點，香煎 12oz 的豪邁豬排，口感酥脆多汁。底下鋪著熱炒風味的蔬菜，吃起來相當過癮。

台南風味虱目魚燉飯

採用來自嘉義東石的新鮮虱目魚肚，將粥品必備的芹菜與蒜頭酥，結合義式燉飯該有的白酒、高湯、奶油與起司，滋味美妙毫無違和。

松露野菇起司燉飯

選用台中秈 10 號的糙米與胚芽米，飯粒保有米心，帶出燉飯的口感。加入松露與台灣野菇，飯香芬芳，是清爽而不失風味的蔬食餐點。

香糖拿鐵

經典的義式拿鐵，加入自家熬煮的阿里山白甘蔗糖，灑在綿密奶泡引來甘香。這裡的咖啡也是台義融合的傑作。

薄荷鳳梨汁

鳳梨來自嘉義民雄，農友陳文取以友善耕作的方式栽種在紅土丘陵地上，特殊迷人的酸香甜風味，搭配綠薄荷，來一杯最能解心涼。

（菜單將會不定時變換，以當日、當季餐廳呈現為主）

TiMAMA Deli & Café　｜無國界創意料理｜

台北市內湖區江南街 71 巷 16 弄 32 號

02-8797-4679

11:00-15:00、17:00-21:00／週一公休

Facebook：TiMAMA Deli & Cafe

★ 個別餐廳營業時間與訂位規則，請參考餐廳營業資訊

台北大安

東雅小廚

日本人也專程前來的純淨食材手路菜

東雅小廚在二〇一九年站上兩本日本女性雜誌，分別是經由日本國內兩位名料理家渡邊麻紀與內田真美的推薦。能受到日本料理名家的肯定，喻姐很開心，但一轉身，她又鑽進廚房去忙了。

不一樣的食材與中菜

「東雅小廚」雖然是許多日本遊客來台旅行的口袋名單，但人稱喻姐的喻碧芳，身為東雅小廚的創始者與靈魂人物，仍然維持她多年來一逕的低調與謙和；對她來說，四處下鄉去探訪最新鮮最安心的當令食材，把好東西帶回來跟主廚們一起研發出新菜色，讓老客人一家大小在店裡吃得自在滿足、度過團聚時光，才是她最開心、最滿足的事。

經營東雅小廚二十年，老客人點菜時都知道要問問今天有沒有什麼「隱藏版」，運氣好的話，會遇到喻碧芳正在試特殊食材的新料理，例如炒得清脆的晚香玉筍，烹出一盤什錦繽紛的蛇瓜，或是因為今天香菜太美了，就隨意把香菜、青椒、豆干和松坂肉共調於一鍋，炒出它們被綜合在一起的香氣馥郁。

沒有這份運氣也無所謂，打開厚厚 Menu，東雅小廚的每一道菜看起來都精緻可口，經典菜和創新菜兼而有之，喻碧芳將這館子定調為「東方的美味、西方的雅緻」之中華料理，以純淨、有機或生產履歷食材為主軸，並在盛盤上桌時力求美感的呈現。在這裡吃飯很享受，菜好吃、好看、環境舒適，只要來過一次，「東雅小廚」就有很高的機會被你列入與親朋再訪的愛店。

你吃過花生芽嗎？

雖然沒有矜貴的食材，但我個人最愛東雅這道坊間餐館罕見的料理：「菜脯花生芽」。國人常吃黃豆芽、黑豆芽、綠豆芽，卻甚少聽聞花生芽，花生芽來自何處？花生發芽好吃

嗎？那會是什麼滋味？

原來，花生芽是喻碧芳特地向「百壽有機芽菜農場」下訂的少見食材，成本高，但天然純淨風味特殊。專營有機芽菜的百壽農場，位於苗栗縣獅潭鄉百壽村的僻靜山區，受明德水庫水源保護區的屏障，以紙湖溪的天然山泉水為灌溉用水，又以德國有機培養土來種，還得細心呵護溫度、溼度、光線等條件，其芽體含水量低且甜度高達五度半，因此百壽農場的芽菜，始終是我心中台灣芽菜界的天后級珍品。

而受黃麴毒素汙染的花生是發不了芽的，只有健康、鮮度高的花生，才能伸展出可愛的新芽；花生經發芽後的珍貴成分「白藜蘆醇」，含量比紅酒還高出十至百倍。東雅小廚將花生芽和切細的屏東客家菜脯、有機豆干一起快炒，成功表現出花生芽爽脆清甜的特殊口感，而混入的黃豆香與菜脯丁的鹹韻，這獨門清爽營養料理，讓我忍不住一口接一口。

讓人足以安心生活的上海菜飯

東雅也將平凡食材「雪菜」，烹調出清雅的家常味。廚師以當令的有機小松菜、蘿蔔葉、小芥菜，以海鹽輕輕揉搓，自製成無任何化學添加的雪菜；再加上充滿豆香味的有機豆包和清甜毛豆仁，遂有了高纖高蛋白的蔬食健康料理。

另一道「果木小薰上海菜飯」，則是饕客必點的招牌菜，它打破一般菜飯偏油滑的常規，反而呈現出少有的菜飯清爽風味！喻碧芳選用台東池上保水度極佳的一等好米，用玄米油搭以青江菜和低溫果木燻培的燻肉，集合所有最清新無雜味的食材，再加上師傅對火候的完美掌握，讓這道上海菜飯香氣四溢、乾爽耐咀嚼，米飯Q、燻肉乾鮮。我吃過十幾家台北老店的上海菜飯，東雅小廚的料理手法，是我心中的一時之選；點一鍋菜飯，炒兩個菜，台北因此多了一個安心生存的理由。

吃這道菜要靠運氣的

嗜發酵酸味者，不妨像我一樣，加點「酸高麗菜牛肉絲」。喻碧芳特地商請隱居中部山間的友人，在高麗菜盛產季節，為她特製酸高麗菜。這位友人對於溫度、溼度的巧妙掌握，讓醃漬出來的酸高麗菜，酸

而不嗆、富個性卻酸鹹回韻；切絲以後與豬肉或牛肉搭配，爆炒合味，默默即可扒兩碗白飯。

東雅的每一樣食材在價格上都不矜貴，但因著手工少量生產，反而呈現「有錢也買不到」的珍貴。像是我央求喻碧芳賣我一點兒這絕妙酸高麗菜，她頻頻搖頭，雙手一攤說：「我朋友一個人做的量很有限，她做多少算多少，我連店裡自己賣都不夠呢！吃這道菜也是要靠運氣的，要靠我朋友有空做、想做、有她滿意的高麗菜才行！」

難怪喻碧芳不僅征服國內諸多美食評論家的肯定，也受到國外媒體與旅客的歡迎，經常接到來自日本的餐席預定訊息，接收他們頻頻發出「歐一細、歐一細」的真誠讚嘆。

首要之務是健康營養又美味

喻碧芳經營餐廳時，念茲在茲的，不是有效的成本控制，而是有機、當令、手做、無添加、營養、美味。每天上菜市場和農夫市集買菜的我，對食材的價格非常敏感，我聽她細數廚房裡每一款食材的來源與出處，內心深感震撼，堆高的食材成本，中等的定價，每一道菜的毛利都不高，喻碧芳卻甘之如飴，她辛勤扶持這家小館子，日復一日，端出了寶貝孫子來餐館時，也可安心吃飯的每一道菜。

喻姐尤其熱愛推廣她極有心得的低溫烘焙堅果，她強調堅果可健腦護心，而其烘焙技術讓堅果的風味脆口清甘。可試試看「堅果雞丁」，用南投武界的放山桂丁土雞，肉質鮮甜芳潤，再搭配一百二十度低溫烘焙、不燥熱、不上火的綜合堅果，合奏出讓人大為驚豔的多層次中式料理風味。

身為台灣綠色餐廳的先行者，喻碧芳以媽媽為家人做菜的心情，體貼農民、愛護客人，端出的每一道菜都精緻、可口、支持在地農業。如果你首要追求的，是「好吃、耐吃、好看」的中菜，那麼請別錯過濟南路上花草扶疏、清雅有致的東雅小廚。

菜脯花生芽

以屏東契作的白蘿蔔製成菜脯，切絲後加入苗栗百壽有機芽菜農場以山泉水催芽的花生，再拌上有機豆干一起快炒，鹹香美味非常下飯。

雪菜豆包毛豆

純手工自製的雪菜，以海鹽搓揉，沒有添加物吃起來只有青菜清香。搭配非基因改造之有機黃豆製成的優質豆包，口感柔順又好吃。

果木小薰上海菜飯

嚴選健康玄米油，以及保水度好、米粒有彈性的池上一等米；搭配翠綠的青江菜、低溫果木烘焙的燻肉，香氣四溢！

酸高麗菜牛肉絲

費工耗時的手工酸高麗菜，酸而不嗆、酸鹹回韻；切絲後與牛肉爆炒，幾絲冬粉點綴，口感酸溜滑順，是個色香味俱全的熱炒經典。

堅果雞丁

採用南投武界桂丁土雞，皮薄、肉質鮮甜而無腥味，搭配以一百二十度低溫烘焙、不燥熱、不上火的綜合堅果，風味絕佳、營養可口。

（菜單將會不定時變換，以當日、當季餐廳呈現為主）

東雅小廚 ｜中式料理｜

台北市大安區濟南路三段 7-1 號 1 樓

02-2773-6799

11:30-14:00、17:30-21:00／無公休

Facebook：東雅小廚

網站：dong-yea.com.tw

★ 個別餐廳營業時間與訂位規則，請參考餐廳營業資訊

新北三峽

禾乃川&甘樂食堂

國產大豆所釀酵的大地料理

甘樂文創的本意
是支持國產大豆的種植與產銷，
團隊的巨大熱情與執行力，
不僅讓老屋有了絕美的新生，
也帶給國產大豆更多的想像與可能，
原來黃豆可以這麼千變萬化
又這麼好吃。

三峽舊醫院 變身國產豆製所

身為豆製品控，「禾乃川國產豆製所」的豆皮真是讓我垂涎不已。但限量總是殘酷的，這款純手工純天然製品覬覦者眾，吃貨無不知曉豆香濃郁的好豆皮市面難尋，而禾乃川正是豆皮界的極品。

禾乃川國產豆製所的本鋪，隱身於三峽老街巷弄，它完整保留七十年歷史老建築「愛鄰醫院」的舊日風華，不論是坐在靠街道或靠庭院的桌旁，點用豆漿霜淇淋、鹽鹵黑豆干或是最招牌的「京都白玉豆花」，整體氛圍高雅清麗，雖然已是網美打卡熱點，卻絲毫不減其歷史溫潤的人文色彩。

民國三十六年開設的愛鄰醫院，曾是三峽採煤礦最鼎盛時期的重要醫療中心，福澤備及三峽、鶯歌、大溪等地居民。建築物共有二進，第一進與老街上其它商店無異，長廊後面的二進，則是兩層羅馬式洋房，磨石子的山牆、石柱，生氣蓬勃的花園噴泉，大氣挑高的建築空間，顯見當時的品味與美學。

「甘樂文創」長期蹲點三峽社區、陪伴當地孩子讀書生活，因此獲得愛鄰醫院後代的信任與支持，將空間承租給甘樂，協助發展社區支持系統。文創團隊在這裡生產天然鹽鹵豆花、豆漿、豆干等國產豆製商品，成立「禾乃川國產豆製所」品牌。

台灣最有誠意的豆漿

禾乃川產製的豆製品，採用台灣在地小農契作、友善耕種的「高雄選10號」大豆、「台南3號、11號」非基改黑豆，堅持人工挑豆篩選，清洗乾淨的豆子再經一整夜的純水浸透，才進行磨豆、蒸氣高溫煮沸，過程中不添加消泡劑與增稠劑，爾後再經一次的機器濾漿以及一次的師傅手工濾漿，一杯濃度近十度的純濃豆漿才正式完成，成為當地居民和外地旅人慕名而來的飲品。

而豆皮就使用這種高濃度的豆漿製作，全程純手工一片一片溫柔撈製、瀝乾，厚度扎實、層次鮮明，把

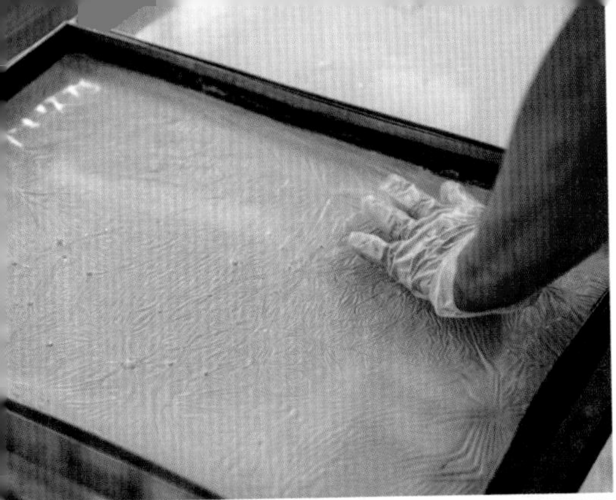

植物性大豆蛋白，完整封存在每片湯葉中。我喜歡拿它來沾醬油、配芫荽簡單吃，孩子則央求我把這極品豆皮拿來做「上海菜飯」；原來豆皮一點都不簡單，需要如此的龜毛與挑剔，才能做出台灣最有誠意的豆漿與豆皮，讓國產友善種植大豆，成為你我日常的飲品與食材。

大豆魔法師的釀酵醬品

同時他們更進行多款釀酵商品的精研，力求大豆的價值發揮到最高。最受歡迎的，莫如料理人甚愛的「味噌溜」、「深夜味噌」，以及「活力味噌（金）」。

甘樂食堂的料理選用自家禾乃川的國產豆製品，以及使用日本味噌老店之優良菌種培養出的米麴，製作出結合味噌、鹽麴、味醂、甘酒、清酒、酒粕等天然釀酵的食物。

限量銷售的「味噌溜」所選用的材料，充滿綠色永續的高標準。花蓮羅山有機白米、嘉義洲南鹽場的日曬海鹽、台灣非基改新鮮大豆和水，無任何添加，職人耐心等待米麴慢慢發酵，讓這個味噌釀製時自然生成的湯汁，香氣淡雅，用途廣泛，蔬菜或火鍋的沾、淋、拌都適用。

而「活力味噌（金）」，是煮飯人必備的冰箱救星，經三個月熟成的味噌，菌種來自日本三百年味噌老店，釀出味噌中淡雅的鹹味與濃厚的黃豆香氣，燒肉時只需一匙，立即襯映出肉的好風味。至於命名有趣的「深夜味噌」，則是以「金味噌」為基底，加入柴魚、海帶芽做混合二次釀酵，以木桶封存，堆疊出立體、豐富的味噌層次，冰箱有這一罐，只要再加點兒當令時蔬和豆腐，沒有高湯也不怕，即能沖煮出一碗療癒感十足的味噌湯，深夜再餓也會被滿足。禾乃川宛如大豆魔法師，讓友善農法的契作大豆，堂堂進駐國人的日常餐桌。

如果你是醬油的重度使用者，必然不該錯過禾乃川和御鼎興的聯名攜手力作：「味噌御露油膏」。御鼎興手工柴燒醬油廠在台灣雲林西螺飄香近百年，三代傳承的歷史，力守傳統也不斷求新，這支油膏以水、國產黑豆、天然海鹽、糖、濁水米和甘草，在陶甕日曝六個月以上，再與木桶發酵三個月以上的禾乃川味噌結合，最後以大灶文火柴燒，淬礪出全台灣唯一的味噌御露油膏。桌上的佳餚如白斬雞、蒜泥白肉、紅燒豆腐、蔬菜沙拉，這支油膏無疑都能點亮它們。

自家豆產品的料理實做場

而同為甘樂文創旗下的「甘樂食堂」，則是具體展現禾乃川全線產品的實做場。三峽的祖師廟和李梅樹紀念館，是我認識三峽文化的起始，位於三峽河畔、整修自百年古厝的甘樂食堂，則是我感動於三峽老城區新活力的起點。

我穿越過老樹老蕨共生的蓊蓊庭院，推開木門，慕「大地料理」之名而來。食堂訴求「以手工豆腐與釀

酵物為底蘊的樸實大地料理」，將禾乃川職人生產的味噌、鹽麴、味醂、甘酒、清酒、酒粕等天然釀酵食物，靈活運用在每一道料理。

這天品嚐到介於輕食與辦桌之間的「手工釀酵創意料理」，以豆、酵、釀食材為基底的料理輪番上桌。第一道「味噌野菇燉肉」極有和風感，以手工味噌燉煮新鮮豬肉，連帶油脂一起，肉質柔軟，一口咬下味噌濃郁的香氣在嘴裡散開。而「黃金麵線卷」，最外層是三峽在地職人手工麵線，內裡包覆酥炸手工豆腐，沾著禾乃川味噌醬品嚐，外脆內軟，口感扎實又柔軟。

釀酵物餐飲的千變萬化

我尤其喜歡「清燉苦瓜梅干豆包」的發想，苦瓜以味噌溜清燉，傳統梅干菜的加入，為這道蔬食料理帶來鹹味的多層次與回甘；禾乃川手做的豆皮與豆腐以其濃郁豆香，讓苦瓜料理也能富含蛋白質而營養滿點。

這幾年因著苦瓜品種不斷改良，苦瓜風味有著細微的有趣變化，許多青少年

已不排斥吃苦瓜了，開始懂得品味苦瓜的苦後之甘，後來我回家自己試做「清燉苦瓜梅干豆包」，有了國產味噌溜在手，做出來的滋味不離八九，依然美好。

而人氣最高的料理，當屬國人摯愛的雞肉款：鹽麴雞腿排。用手工古法釀造的鹽麴，輕醃新鮮雞腿肉一晚，麴的魔法，會將蛋白質和脂肪分解成小分子的葡萄糖、胺基酸與脂肪酸，帶來更大的能量。更重要的是，經麴菌軟化過的雞腿肉，柔嫩多汁，清甜至鮮，大勝以精鹽醃漬的單調口感。

甘樂文創的本意是支持國產大豆的種植與產銷，團隊的巨大熱情與執行力，卻不僅讓老屋有了絕美的新生，也帶給國產大豆更多的想像與可能。原來黃豆可以這麼千變萬化又這麼好吃，可以這麼時髦又這麼樸實，可以變成IG網美打卡也可以滿足廚房裡的婆婆媽媽。我在禾乃川豆製所品到大豆的原始風味，也在甘樂食堂品到大豆的多元變身，從此拜訪小鎮三峽，又多了一個好理由。

番紅花今日菜單

禾乃川國產豆製所

黑白豆腐水果沙拉

以無農藥栽培的青仁黑豆與黃豆製成的鹽滷黑豆腐、黃豆腐，加入新鮮生菜與小黃瓜等時蔬，再淋上味噌溜檸檬醬，甜酸多汁。

豆皮蛋餅

以禾乃川的手工豆皮，覆蓋在加入了玉米、蔥花的蛋液上，無油煎的豆皮相當酥脆，沾上禾乃川自家的味噌御露，美味又清爽。

京都白玉豆花

不添加化學凝固劑的鹽滷豆花，嚐到本土大豆的濃郁豆香，淋上碧螺春糖漿，配上口感扎實的白玉與碧螺春茶粉湯圓，滿口的三峽風味。

火龍果甘酒氣泡飲

以花蓮羅山有機米天然釀酵而成的甘酒，加入新鮮火龍果丁，帶入清新果香，是款充滿米粒與果粒的氣泡飲，創造了豐富的嚼感！

（菜單將會不定時變換，以當日、當季餐廳呈現為主）

禾乃川國產豆製所　｜豆漿及豆製品｜

新北市三峽區民權街 84 巷 12 號之 1（三峽老街派出所旁，區公所正後方）
02-2671-7090 # 207
週一到週五 9:00-18:00、週末到週日 9:00-19:00
Facebook：禾乃川國產豆製所
官網：甘樂文創 shop.thecan.com.tw

★ 個別餐廳營業時間與訂位規則，請參考餐廳營業資訊

甘樂食堂

清燉苦瓜梅干豆包定食

用味噌溜清燉苦瓜，加入傳統梅干，與禾乃川手作豆皮豆腐入菜。並附上鹽麴漬物小菜、豆渣拌菜、堅果香飯與鮮蔬湯一碗。

味噌野菇燉肉

以禾乃川手作味噌為基底，加入味噌溜與新鮮豬肉、時令野菇一起細火慢燉，一口咬下，口感軟綿，手工味噌濃郁的香氣也在嘴裡散開。

鹽麴雞腿排

新鮮雞腿排加入青蔥以手工鹽麴醃漬一夜後，先煎後烤吃得到肉的原汁原味。再搭配新鮮的時蔬解膩，取得平衡。

黃金麵線卷

麵線卷的每一層口感都精心設計過，最外層是三峽在地職人手工麵線，內裡包覆酥炸手工豆腐，外脆內軟，口感扎實又柔軟。

味噌溜娃娃

加入味噌溜烹煮娃娃菜，融入了甘甜湯汁的蔬菜，帶著淡雅的香氣，以及天然海鹽的鹹味，嚐起來清淡甘醇卻有滋味。

豆腐沙拉

季節時蔬拌入禾乃川的手工豆腐，加入自製的特調醬料，吃出豆腐的口感與蔬果的鮮甜，非常不一樣的一道沙拉。

碧螺春抹綠磅蛋糕

選用三峽在地的碧螺春茶葉製作成磅蛋糕，口感扎實、味道濃郁；淋上祕製的碧螺春糖霜，剛剛好的甜度適合再配上一杯碧螺春！

（菜單將會不定時變換，以當日、當季餐廳呈現為主）

甘樂食堂　｜創新懷舊料理｜

新北市三峽區清水街 317 號

02-2673-1857

11:00-21:00／無公休

Facebook：甘樂食堂

官網：甘樂文創 shop.thecan.com.tw

★ 個別餐廳營業時間與訂位規則，請參考餐廳營業資訊

台北大同

Le coin de Sophie 在她家

以在地小農食材，演繹法式家常菜

繁華落盡的長巷裡還有幾家老紡織店，
「Le coin de Sophie 在她家」就藏身此處，
舊日老房子的透明廚房，
恆常飄散出麵粉與燉菜香，
這裡讓人的心慢了下來，
沒什麼好急的，坐下來，
好好享受主人 Sophie 的法式家常菜吧！

「Le coin de Sophie 在她家」提供。

老茶街上的法式小館

想追尋「Le coin de Sophie 在她家」的足跡並不困難。你可以在 Google 上讀到許多客人留下充滿文青氣息的好評價；也能不時地在水花園農夫市集裡，看到女主人 Sophie 她盈滿法式風情的麵包攤位，還有她精巧設計的各種美感課程，例如以當令蔬果花葉製作聖誕花圈，或是對小朋友做全美語的食農教育。

當然，你也可以親自前往大稻埕碼頭邊陲地帶的貴德街老巷弄，找到「在她家」的實體店鋪，在那間闊氣但簡樸的挑高老房子裡，親炙 Sophie 為你做菜、揉麵包的風采。

「在她家」是台北市少有的法式家常菜小館，但卻不是一間規律化經營的餐廳，充滿創業性格的 Sophie，積極嘗試各種往外伸出觸角的可能性。善於歐亞料理的她，不斷拋出這樣那樣與飲食相關的創意發想，你會在這裡嚐到剁皮辣椒佛卡夏；你會在聖誕夜因為 Sophie 的召喚，繳了報名費，和一群不相識的人，坐在餐廳裡的長桌上，交換禮物、喝酒、撕雞肉……這裡宛如一座美食遊樂場，舉凡能讓人溫暖快樂的餐桌風景，Sophie 都會想辦法讓它發生。

女主人在地化的法式魅力

「在她家」的靈魂人物 Sophie 旅法十年，她是法文與料理老師，也是劇場演員和時裝設計師，更曾經是台北歐洲學校的特教老師，也在福山有機農場種了近三年的菜……這一條又一條看似沒有交集的人生路，如今回看，最終都沒有白走。

童年來自 foodie 家庭的味蕾養成、青春的歐洲留學生活的美學訓練、台灣農場農婦的田野實做、高雅

旅居法國十年後回到家鄉的 Sophie，展開對於「在地食材、法式風味」的推廣之路。

外語能力的法文食譜閱讀，這些都讓「在她家」的一切獨特而迷人。這裡是 Sophie 個人魅力的展演，同時也滿足饕客對於「美」的氛圍想像與要求，而人生經歷的難以定調，也使頑皮的 Sophie 不停止研發、推廣「在地食材、法式風味」的料理生活。

在麵團前最在乎的事

初來乍到時，一定要先試試 Sophie 的麵包。

偏愛穀物麵包的她，用國產的「十八麥」全麥粉，搭配與法國進口 MDC 友善種植的 T55、T65 麵粉製成老麵，且一天的低溫發酵還不夠，至少得經過兩天，麵筋的發展性才比較足。Sophie 笑說，這是大多數「工藝麵包師」的堅持，真實呈現麵包風味，是她在麵團前最在乎的事。

在法國生活時，她經常看到當地人把麵團放到鑄鐵鍋內就直接進烤箱，不過鑄鐵鍋在台灣可不便宜，Sophie 靈機一動，改以受熱和保溫等特性一樣均勻、穩定的砂鍋來取代，她一出手就買了八個台式砂鍋做「香草砂鍋麵包」，透過不斷實驗與試做，終於摸索出時間與溫度的精準拿捏，打開了麵包製作的坦途。

目前一週只供應兩天的出爐麵包，每逢週五推出以台東刺蔥和洲南海鹽的風味可頌、用台灣大禹嶺自製蜜蘋果餡入料的蘋果肉桂捲，還有鬆軟好吃的乳酪花朵布里歐和原味布里歐吐司。週四則推出自製水果酵母和十八麥全麥老麵的無油無糖麵包，像是小農紫玉米和國產黑豆做成的穀類小法國、以砂鍋為器的招牌香草砂鍋麵包、百分百國產小麥為食材的全麥籐籃麵包，和客人指定永遠不可下架的歐式蜂蜜藜麥吐司。

雖然是歐式雜糧麵包的主體，卻巧妙大量使用台灣在地食材，從原民部落的刺蔥、嘉義里海的日曬霜鹽、高山冬季蜜蘋果，到採歐洲麵粉磨製方式的成分完全無調整的台中全麥粒麵粉，可見 Sophie 在麵包製作上的功力與品味，雖然沒有科班的訓練，反而創意不設限，做出麥香四溢、風味獨特的美味雜糧麵包。

本土食材遇上法國家常料理

而最不能錯過的歐式家常菜，有紅酒燉牛肉、法式馬鈴薯焗烤魚派、青醬小管時蔬義麵、鹹檸檬香料雞、蘋果芥末籽燒烤豬五花、馬告香腸青醬飯等等，Sophie 做菜精研自她念書時開始收藏的法國食譜，Youtube 和 BBC 等料理節目也成為靈感來源，她不全然因襲西方技藝與食材，她勇於挑戰以本土禽肉蔬果來做變化，不妨跟著我這一次吃到的料理，來看看她的拿手菜！

第一道上來的「南法燉菜」，雖是法國的傳統季節料理，但台灣一年四季根莖瓜果蔬菜不斷，於是 Sophie 集結了甜椒、番茄、櫛瓜、茄子、洋蔥和大蒜，用橄欖油以小火炒香、燜出蔬菜的風味，再依序加入月桂葉與百里香，隨後入白酒，讓時間去慢燉這一整鍋的精華。冷吃熱吃皆適合，甘潤的醬汁與雜糧麵包尤其合拍。

CRC
2017
BORDEAUX

接著是這道令人感到驚喜又美味的「葡萄綠茶魚片」，完完全全是 Sophie 的創意料理。關心永續漁業議題的她，以台灣東部海域的鬼頭刀乾煎入菜，層次豐富的白葡萄酒，和坪林綠光農園的綠茶粉、台灣季節葡萄一起溶煮為迷人的醬汁，鋪陳出鬼頭刀爽口清新的風味；再拌上些許法式鮮奶油，成就了這道形色美、餘韻味道引人懷思的海鮮料理。

肉食料理，則嚐到了「法式柑橘鴨胸」這一款法國傳統節慶菜色。Sophie 選用花蓮玉里的生產履歷鴨胸，冬季尤其肥美，類似煎牛排的細膩手法，以鐵鑄鍋為器，將鴨皮面朝下，慢火煎出油脂與香氣。煎肉首在精準掌握火候，方能完美呈現鴨胸的熟度與嫩度。最後鴨油必得善用，把柑橘皮、有機蘋果醋與鴨油一起熬製成酸香的橙汁，引出鴨胸的甘甜，再佐以蒸熟地瓜，讓法式柑橘鴨胸在台灣人的餐桌上，有了更美好的新味道。

「在她家」的地理位置不好找，沉寂的老社區隔絕了大稻埕街肆的沸騰與光燦，從捷運站一路行來，幾度我以為自己迷了路。穿越過幾家繁華落盡的紡織鋪，走進「在她家」舊日老房子的透明廚房裡，恆常飄散出麵粉香與燉菜香，這裡讓人的心慢了下來，沒有什麼好急的，就坐下來，好好地享受 Sophie 家的法式品味生活吧。

番紅花今日菜單

歐式手工麵包

全麥法棍、燕麥小法國、瓜泥肉桂捲，是使用國產十八麥麵粉、小農蔬果或有機穀物揉製而成，或以低溫發酵，或為無油無糖，都吃得到法式麵包的純樸風味。

法式燉菜

以甜椒、番茄、櫛瓜、茄子、洋蔥與大蒜在橄欖油內炒香，再加入月桂葉、百里香，倒一點白酒進去小火慢燉，最後捲進香滑的蛋皮裡，風味極佳。

葡萄綠茶魚片

鬼頭刀乾煎入菜，白葡萄酒加入綠光農園的綠茶粉、再加上季節葡萄；些許法式鮮奶油點綴，色美、味道有層次，非常美味的一道創意料理。

法式柑橘鴨胸

法國傳統節慶性菜色，使用花蓮玉里的履歷鴨胸，以牛排手法在鐵鑄鍋煎出油脂，再取用這個鴨油與柑橘皮、有機蘋果醋製成酸香的橙汁，滋味極佳！

法式馬鈴薯焗烤魚派

採嘉義生態養殖的台灣鯛，以奶油乾煎後撥取魚肉與辛香料炒香，搭配小農季節性的黃金馬鈴薯一起焗烤，最後以巴薩米克醋提味，是一道暖心的法式家常菜。

法式乳酪蛋糕

塔皮以十八麥全麥麵粉製作，帶點焦黑酥脆的外皮搭配濃郁乳酪體，口感綿密扎實，是一款眾人都會喜愛的法式點心。

十八麥瑪德蓮

以有機蔗糖、綠生活放牧土雞蛋、十八麥全麥粉、法國石磨 T45、鐵塔奶油等極好的食材製成，香氣有層次又一點都不油膩。

（菜單將會不定時變換，以當日、當季餐廳呈現為主）

Le coin de Sophie 在她家　｜法式料理｜

台北市貴德街 47-2 號

02-2552-1512、0922-800-097

10:00-17:00；18:00-21:00（晚餐採預約制）／週日、一公休

Facebook：Le coin de Sophie 在她家

★ 個別餐廳營業時間與訂位規則，請參考餐廳營業資訊

台北中正

呷米蔬食餐廳

就是要拓展你對蔬食的想像

呷米越來越不一樣了。
隨著團隊的重整與再出發，
菜單設計日益活潑，
推出的料理更扣緊節氣，
蔬食不再是單純訴求養生
或生態保育或宗教信仰，
蔬食也能提供高度的美味和變化。

傳統美食一級戰區裡的綠色餐廳

位於台北老城區的西門、城中一帶，飲食風貌豐富繽紛，這裡有米其林一星酒樓，有老字號酸梅湯，有排隊牛肉麵，有美名遠播的上海菜飯，也有文人作家流連不去的老咖啡館。不論你何時漫步城中區，吃飯永遠是件快樂的事。

而坐落在國立台灣博物館土銀展示館側邊的「呷米蔬食／素食餐廳」，是我和孩子看完恐龍化石以後，最愛前往解飢小憩的地方，女兒總是說：「我們今天就假裝自己是草食性恐龍吧，去呷米吃飯，像三角龍那樣，吃菜不吃肉。」

以有機友善耕作蔬果燉煮的太陽蛋南洋鮮蔬咖哩。

店內食材高達八至九成採用有機或友善農法作物，且國產食材幾近百分之九十的呷米蔬食餐廳，營運即將邁向第九年。即使如此，現任執行長王淑珍仍然在為擺脫「賠錢」的夢魘而不斷奮力前進。

我在種子生活節的市集遇到她前來擺攤，總是流露出滿滿熱情笑容的她，很有自信又很溫柔地向客人介紹料理的食材與風味，生意很好，許多人駐足在這濃厚文青風的攤位前，思索著該點哪一樣才好：金澄色的木瓜磅蛋糕好誘人，但滿天星百香果的香氣好濃郁，而獅子頭竟然有中式和西式兩種口味！

菜單上為小農食材找更多出路

我發現呷米蔬食越來越不一樣了。野菇鹹派、滿天星磅蛋糕、木瓜磅蛋糕、義式番茄獅子頭飯、紅燒獅子頭飯……

法式鹹派也能融進大量小農香菇與季節時蔬。

隨著團隊的重整與再出發，菜單的設計日益活潑靈活，推出的料理更加扣緊節氣與旬味，蔬食不再是單純訴求養生或生態保育或宗教信仰，蔬食也能提供高度的美味和變化，顛覆人們對蔬食的刻板印象。讓那些偶爾推門走進來嘗試蔬食的客人輕呼：「哇，原來吃蔬食也可以很歡樂！」

於是在夏季有了味噌豆漿鍋、川味麻辣鍋、義式番茄鍋和韓式泡菜鍋等四種消化大量蔬果的湯鍋；火龍果乳酪蛋糕則緩解了火龍果農夏季產量過剩的哀傷，還推出了手作黑胡椒酸黃瓜起司披薩，讓台灣小麥所磨製的麵粉，有了更多的出路。

滿滿的台灣水果香氣

我拿起了一塊被視為「明星招牌經典品」的木瓜磅蛋糕，

內心不免有些狐疑，木瓜特有的一種氣味有些人並不喜歡，把木瓜做成蛋糕，真的討喜嗎？不會太挑戰嗎？王淑珍充滿信心地頻頻要我咬一口，說吃了就知道。原來，呷米的「木瓜磅蛋糕」，是採用來自屏東高樹鄉、拿過神農獎且外銷到日本的木瓜，第一步即取下先發優勢！

但廚房團隊還不滿足，又選用台灣有機喜願麵粉，以及頻頻獲得米其林主廚指定食材來源的「香草野園」放養雞蛋，以所有最上乘的材料組合，來烘焙出這一塊天然、有機、營養、香醇、百分百環境永續的「木瓜磅蛋糕」。消費者可以只追求「安心、好吃」就好，但呷米心心念念的可不只這些，「和國內友善種植農民手牽手站在一起」，始終在王淑珍心裡深植不變。

這塊充滿台灣味的木瓜磅蛋糕，果真一躍成為呷米的大明星，不論是飯後甜點或搭配咖啡清茶飲品，客人無不喜愛。雖然是一塊小小的蛋糕，卻牽起了城市消費者與小麥農、蛋農、木瓜農的情緣，也許從來未曾謀面，但彼此都在成就對萬物生命的珍惜與愛護。

沒有絞肉的紅燒獅子頭

而老城區鄰近上班族在午餐時刻走進呷米，最熱門的套餐當推「蔬食紅燒獅子頭」。獅子頭是江浙小館

的名菜，隨著時間的推移，後來也在台灣人的日常家庭餐桌占有一席之地，不論是大人或小孩，都很難抗拒與大白菜充分煨煮入味後、軟嫩多汁的獅子頭。

然而，少了豬絞肉，如何做出醬色漂亮、口感豐富的獅子頭呢？呷米決意要給蔬食者味蕾的滿足。廚房團隊以傳統有機板豆腐為主體，混合多種新鮮蔬菜，將其充分切細、拌勻、調味以後，以手工來回搓揉定型，再送入烤箱烘烤、定型上色。因此，呷米的獅子頭有著濃郁的天然豆香與蔬菜甜味，吃完以後，腸胃沒有負擔，身心俱皆飽酣。幾年下來，獅子頭越做越純熟、越做越好吃，遂成為鎮店之寶，連去農民市集擺攤，也少不了這道紅燒獅子頭料理。

一百元一塊的木瓜磅蛋糕貴不貴？

這幾年 Vegan 成為全球飲食潮流趨勢，各種不同定位的蔬食餐廳趁勢崛起，有機蔬食料理的製作

現任執行長王淑珍接手呷米後，展開全方位的檢視與體質調整，與團隊一起努力塑造新的呷米餐廳，終於在 2019 年開始轉虧為盈。

店內也買的到有機、友善蔬果，目前每週二為進貨日，亦有多項嚴選的國產加工品可供選購。

時間與食材成本，比葷食料理還高者所在多有。一般消費者也許以為吃菜比吃肉便宜，以「木瓜磅蛋糕」來說，高樹鄉的高品質木瓜、台灣本土有機麵粉、人道環境飼養的放養雞蛋，每天為家庭三餐採買食材的我，一聽就知道這是極高食材成本的蛋糕，再加上店租、水電、廣告宣傳、裝潢與設備的攤提、員工的教育訓練與福利、員工的合理薪資……一塊定價百元的磅蛋糕，利潤實在微薄得很有限，想賺大錢不可能，如何避開賠錢窘境，讓股東願意繼續支持台灣有機產業，王淑珍便是在經營財務報表的藍色與赤色中搏鬥，帶領她的團隊匍匐前進。

歷經六年苦撐，不斷調整軟硬體設備組織與菜單設計，呷米的營運從二〇一九年開始，逐漸轉虧為盈，不是向食材成本低頭妥協，而是因為老客

人忠誠支持、年輕新客人穩定成長，以及接受公司行號預定的午間會議便當外送、主動出擊勤跑市集來讓更多人有機會認識呷米，也拉高食材利用度、不排斥品質不變的格外品、調整營業時段、強化料理風味、活絡空間開放場地租借、聯合其它綠色餐廳共同進貨等等。王淑珍以滴水不漏的全方位檢視，讓呷米的體質越來越強壯，讓員工在這裡工作感到幸福，客人在這裡吃飯感到歡喜，農友也因為呷米的存在，而穩定獲利。

憑藉著心中一股對台灣農業和土地的熱愛，呷米在台北舊城區亮起了溫柔的燈。歡迎你在每週二的進貨日光臨呷米，當天有各種當令新鮮食蔬從產地直接送達，供顧客採買，你也可以在逛完台博館或二二八公園或西門町，走進來吃吃喝喝，看看吧檯師傅今天又研發了什麼好吃的新東西。這裡是食物的遊樂場、料理的實驗室，一起來進入呷米蔬食的多彩世界吧！

番紅花今日菜單

（菜單將會不定時變換，以當日、當季餐廳呈現為主）

蔬食紅燒獅子頭

選用有機板豆腐作為獅子頭主體，以純地瓜粉、台灣小麥粉調和；配菜為有機農場的季節時蔬，再附上一碗五穀雜糧飯。

太陽蛋南洋鮮蔬咖哩

以有機或友善耕作的洋蔥、馬鈴薯與紅蘿蔔等季節蔬菜燉煮，米飯則是不用農藥、不施化肥的「尚水米」；再放上一顆人道飼養的放牧蛋！

法式鹹派

有機麵粉、放養雞蛋，以及來自小農的有機友善菇類與季節蔬果，烘烤成帶有蔬菜鹹香的健康輕食。

果香磅蛋糕

使用台灣本土的喜願小麥，加入當季的小農木瓜或香蕉、芭蕉等，口感鬆軟，每一口都感受得到台灣水果的香氣。

木瓜豆奶

取用嘉義十甲農場的有機黃豆，以及屏東高樹的有機木瓜調和而成，質地濃稠扎實，是一杯100%的國產「手搖飲」。

呷米蔬食／素食餐廳　｜無國界蔬食料理｜

台北市中正區衡陽路 9 號

02-2331-9662

11:00-21:00／週日公休

Facebook：呷米蔬食 / 素食餐廳 Rice revolution vegetarian restaurant

★ 個別餐廳營業時間與訂位規則，請參考餐廳營業資訊

台北北投

北投普羅旺斯 bakery & café

陽明山腳下的
在地採集烘焙坊

陸陸續續出爐、
散發著天然麵粉香氣的，
是地瓜葉玉米吐司、地瓜葉薄餅、
裸麥水果大豐收麵包、
北投桶柑核桃麵包、
北投南瓜紅豆麵包……
是不是很顛覆你對普羅旺斯的想像？

北投氣味十足的麵包店

位於台北市最北邊的北投，旅人絡繹於途。它有著名的北投溫泉和陽明山國家公園，也矗立著歷史悠久、傳統庶民美食甚獲國內外饕客喜愛的北投菜市場；還有一座曾被評選為「全球最美25座公立圖書館」的台北市立圖書館北投分館。身為老台北人，我總愛在各季節往返於此，感受北投的四季遞變與多元飲食文化。而這次，則來到隱身於北投捷運站旁、一條僻靜小巷裡的「普羅旺斯烘焙坊」，品嚐富有北投在地特色的純樸麵包。

雖然店名叫做「普羅旺斯」，但可別以為店裡供應的都是歐風十足的麵包，主持人心絨和她先生的理念是：「在地採集北投人的北投風味」。推開玻璃門，首先吸引人的，是櫃檯前陳列著一排排精巧又質樸

普羅旺斯烘焙坊以季節性過剩的農產品為烘焙原料，研發成多樣商品，更有部分新鮮蔬果可以在店內買得到。

的桶柑辣椒醬和桶柑巧克力醬，而陸陸續續出爐、散發著天然麵粉香氣的，是地瓜葉玉米吐司、地瓜葉薄餅、裸麥水果大豐收麵包、鹹裸麥毛豆橄欖麵包、北投桶柑核桃麵包、北投南瓜紅豆麵包、火山辣椒麵包……是不是很顛覆你對普羅旺斯的想像？

然而這一切其實並不違和。年輕時因為嚮往彼得梅爾《山居歲月》筆下的普羅旺斯而前往深度旅遊的心絨，深受當地咖啡小館質樸、溫暖、浪漫氛圍而感動，回到自己家鄉北投，秉持著普羅旺斯「在地、新鮮、天然無添加、順應時令」的飲食文化，她想做的，就是呼應北投陽明山與關渡平原豐饒物產的特色，於是北投各地堅持友善農法的小農所種的辣椒、地瓜葉、桶柑、南瓜等等，無一不揉入自養天然野生酵母的麵團裡，烘焙出一個又一個滿足北投當地家庭的歐式麵包。

選用關渡平原上友善種植的南瓜、地瓜葉、桶柑，結合進以自家天然酵母製作的麵包裡，成了口味獨一無二的北投風味麵包！吃起來美味營養又健康。

對烘焙、咖啡與發酵懷有強大熱情的陳心絨，
婚後選擇在故鄉北投開了這個區域內最早的歐式麵包店。

舊金山有酸麵種，那北投呢？

提到麵種，經常受邀開設發酵課程的心絨，眼睛就發亮了起來。店裡的招牌麵包「桶柑核桃」，也是我的最愛，早餐時光以它來搭配一杯手沖咖啡或是一壺東方美人，都帶來萬般美好的感受；而「桶柑核桃」的麵種，卻有著長長的故事。這個讓心絨和她先生至今細心呵護已達十多年的魯邦麵種，來自於美國旅行歸來後的啟發，她不斷思考：「舊金山有大家耳熟能詳的舊金山酸麵種，那麼家鄉北投能有什麼呢？」

思來想去，兩百多年前引進台灣後，最先種在大屯山區火山土壤的草山柑，果實小，皮薄汁多，糖酸比佳，風味強烈，承接百年歷史，是北投的指標性

作物，不如就試試這黃澄如金幣的桶柑吧！經過不斷試驗，對製作麵包充滿熱情的麵包主廚，同時也是在幕後默默支持妻子開咖啡店夢想的心絨丈夫，成功摸索出百分之百不添加商用酵母粉、以桶柑來發酵的麵種，讓這款麵包有了最好的基底，成為老顧客一來再來的明星款。

商用酵母粉能在很短時間內產氣，達到讓麵團長大的效果，而為了在快速大量的製程中做出美味麵包，添加人工香料往往是一個最容易的方式，但是心絨與先生卻選擇在自家店裡培養四種不同的酵母種，分別是由小麥粉、裸麥粉、陽明山桶柑及金香酸葡萄擴大培養的野生酵母菌種。

我問心絨，為什麼如此執著於培養不同基質的麵包酵母菌？她大笑說，以不同基質如小麥粉、裸麥粉、水果乾或新鮮水果所培養的菌種，雖然得花大量時間照顧微生物寶寶，讓它們處在最舒適的狀態，但得到的回饋，可不是一般商用酵母與人工香料可比擬的。像她的自慢品「法國麵包」，用自家培養富含酵母菌的發酵種，乳酸菌及醋酸菌帶來不同微生物的產物如酒精，再進一步交互作用生成如酯類的風味物質，遂發展出獨一無二的限量手工麵包。

桶柑核桃麵包使用桶柑野生酵母種為發酵的起點，
揉進以微糖蜜漬的桶柑皮丁，入口後柑桔精油的香氣會逐漸釋出，並在口中停留久久不散。

普羅旺斯自家養的酵母，由上逆時針分別是：裸麥種、全麥種、美國佛蒙特州酵母種、金香葡萄種。

量身打造北投系伴手禮

普羅旺斯的巧思可不只是麵包而已，我買來餽贈朋友的，還有心絨獨家研發的「桶柑辣椒醬」。市面上辣椒醬百花齊放，多以大蒜為主要辛香料，創作魂停不下來的心絨，卻以北投桶柑的果香，和辣椒發酵之後所產生的溫柔不嗆香氣，完美合奏，成就了這一瓶風味細緻高雅的桶柑辣椒醬。如果你嗜辣，總是在尋覓獨特辣椒醬來為你的水餃、麵條、肉料理增添獨特風味，你一定要試試心絨的這一罐創作。

愛甜點的人，可也別錯過了這裡的「硫磺磚」，這可是別地方買不到的北投最佳伴手禮。對北投風土與歷史瞭若指掌的心絨，不斷思索著「鳳梨酥當然好，但北投應該要有北投自己的伴手禮」，而整個大屯山區最靠近北投的硫磺礦區，就是「大磺嘴」，「大磺嘴」最重要的農產品就是桶柑。

她和先生將冬季新鮮馥郁的桶柑，慢火熬煮後做成內餡，並用薑黃粉與竹炭粉，揉出黑黃紋路的長方形

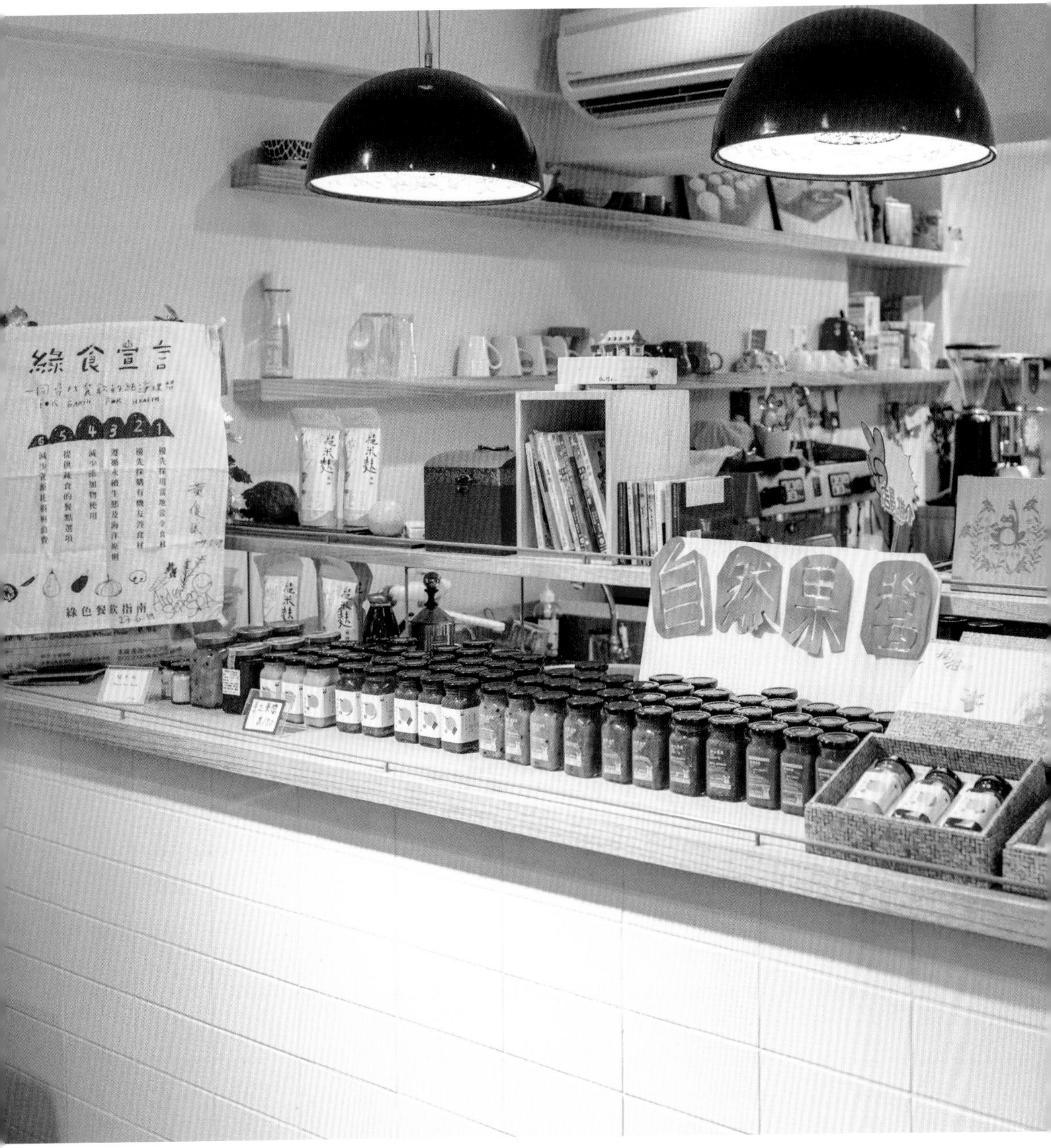
綠食宣言
FOR EARTH FOR HEALTH
綠色餐飲指南
自然果醬

地瓜葉系列的發想就來自不愛吃青菜的小朋友客人，將新鮮地瓜葉挑揀並清洗乾淨後，川燙殺菁去除臭青味，再攪碎成細泥，不濾渣的蔬菜泥保留了全營養揉入麵團中。

酥皮，包裹住桶柑內餡，做成一塊一塊精巧的西點，用它來向北投硫磺磚致敬，也強烈表達出心絨對這塊土地與桶柑的熱情。

細細端詳這全國唯一的「硫磺磚」，那橘黑條紋的外皮，象徵著北投硫磺礦的採挖歷史，也是因為師傅的純手工製作，才能展現出動人的工藝美感。看似簡單無奇的小糕點，卻花費心絨和她先生將近四年多的研發時間，必須熟讀北投的文史資料，再一步一步修正配方、調整製程，終而成功生產出這塊全國首創，並合法註冊的北投伴手禮，讓北投的溫泉和硫磺，在你我餐桌上，述說她綿遠動人的歷史。

傳說北投之所以名為北投，係因為早期巴賽族認為地熱谷受女巫施法，才會終日冒氤氳之煙，故以巴賽語裡的女巫「PATAW（巴島）」，為這地方命名。而「PATAW（巴島）」的台語發音與「北投」相像，遂有了「北投」。我倒反而覺得個子嬌小、不斷用北投桶柑和當地作物來變化出各種迷人食物的心絨，才是這裡施展魔法的當代女巫，用她的創作能量和家鄉愛，實踐著「我北投普羅旺斯，我驕傲」！

番紅花今日菜單

硫磺磚（桶柑酥）

先將陽明山特產的桶柑自製成軟糖後，揉入仿造北投硫磺磚外型的酥皮裡，一口咬下酥軟可口，更有甘甜而清新的柑橘蜜流出，是北投限定的伴手禮！

北投桶柑核桃

北投地區產的桶柑品質極佳，將之融入自家酵母揉製出來的麵包裡，簡單、無添加的方式製作烘烤，帶有嚼勁的麵包卻有滿口天然的柑橘與堅果香氣。

裸麥水果大豐收

使用從美國佛蒙特帶回來養種的裸麥酸種，以 100% 的比例下去揉製，經過低溫長時發酵後，加入健康果乾一起烘烤，出爐後切開的氣孔就是美味的見證。

北投南瓜紅豆

選用關渡平原上友善種植的南瓜，結合進以自家天然酵母製作的吐司裡，再包進紅豆內餡，口感綿柔的吐司自有一股南瓜甜香，吃起來則是甜而不膩喔！

地瓜葉薄餅

取用北投在地以有機或友善種植的地瓜葉，清洗燙熟後打碎拌入麵粉，加入橄欖、玉米等食材的薄餅，沒有地瓜葉的野味，卻吃得到地瓜葉的營養。

地瓜葉玉米吐司

打入地瓜葉汁的吐司，結合了地瓜葉的營養與烘焙製品的香氣，更驚喜的是玉米點綴，鬆軟中一口口帶著蔬果與穀物芬芳。

（菜單將會不定時變換，以當日、當季餐廳呈現為主）

北投普羅旺斯 bakery & café ｜烘焙坊｜

台北市北投區大興街 9 巷 43 號

02-2897-2112

11:00-19:00／週末、週日公休

Facebook：北投普羅旺斯 bakery & café

★ 個別餐廳營業時間與訂位規則，請參考餐廳營業資訊

台北文山

Ile島嶼法式海鮮

讓大海說話的本島精緻海鮮料理

木柵小巷弄裡，
開了家叫做「Ile島嶼法式海鮮」的漂亮餐廳，
不僅廚藝精湛、菜式豐富，
且強打「時令、風土、自然，用法式手法
去呈現台灣當季的海鮮與農業食材」，
怎能不令人好奇？

木柵巷子裡的法式小館

這幾年因為規畫了青少年和小學生「菜市場／漁港的文學課」，我常問身邊小朋友：「你們最愛吃什麼魚？」多數孩子的回答都是鮭魚或鱈魚，很少聽到孩子的答案裡，能出現我們海島台灣具有代表性的魚蝦如虱目魚、白帶魚或午仔魚，為此我默默感到焦慮。

我想最主要的原因，是因為孩子身邊的許多大人，對台灣的近海漁業和養殖業欠缺基本認識，而鮭魚、鱈魚這種輪切、無刺的進口遠洋魚，好煎又好入口，遂攻城掠地你我日常餐桌，順利擄獲台灣孩子的胃與心。這實在讓人感到遺憾，我們可是生活在一座黑潮終年流經的海島上啊，不論是追求風味、鮮度、多樣性和永續，台灣的海鮮和河鮮，絕對有條件大勝遠道而來的空運冷凍海鮮。

因此當我聽說木柵小巷弄裡，開了家叫做「Ile 島嶼法式海鮮」的漂亮餐廳，不僅廚藝精湛、菜式豐富，且強打「時令、風土、自然，用法式手法去呈現台灣當季的海鮮與農業食材」，這樣的定位在台灣餐飲市場上實不多見，引發我的高度好奇，當澎湖海鮮脫離台式熱炒的旺火蒸炒炸，會是什麼模樣？

Ile 島嶼法式海鮮的主廚 Lin 和副主廚 Eva，曾經在加拿大、法國兩地歷經多年餐飲磨練，異鄉生活雖堪稱順利，但思鄉返鄉的意念也未曾停止，將「廚師」視為終身職志的兩人，終究選擇回到台灣，在自己的土地上，開一家精緻法式風情、以本土食材為主訴求的小館。

不打高 CP 值也不走網美網紅路線，Lin 和 Eva 一心一意做出高級、

美味的料理，以台灣特色食材為靈魂，歐法烹調手法為骨幹血肉，她們堅信「愛吃懂吃的客人只要來過，就會再回來。」

當本土食材脫離台式熱炒

「海鮮」二字既為店名的一部分，表明「Ile 島嶼」擅長海鮮料理，尤其是主廚找遍各地尋來的優質蝦蟹貝類。例如菜單上閃閃發亮的「澎湖野生大明蝦」，肉質Q軟鮮嫩，用澄清奶油及葛洪鹽之花調味後，再以完美掌控的火候煎烤，熟度剛好、汁甜肉鮮的海鮮滋味不需多言，尤其令人驚喜的是，主廚將本土海鮮結合小農蔬果，佐以精心熬煮的甜菜根醬汁，含蓄內斂地召喚出海蝦的Q彈鮮，不僅帶來視覺上的感動，風味也不讓人失望。

另一道海鮮主餐「小農蔬菜青醬蝴蝶麵」，除了主體蝴蝶麵，並搭配友善養殖白蝦與蛤蠣，更有數量與種類都豐盛的當令蔬菜如花椰菜、茄子、鮮香菇與櫛瓜等等，是清爽繽紛的海鮮主餐。

除了海鮮，Ile島嶼也有精緻的「陸上主餐」，食材嚴選自台灣本土優質肉品。最經典的是「花蓮櫻花鴨胸」，來自花東縱谷飼養的櫻桃谷北京鴨，Lin將鴨胸連皮帶肉整塊煎炙，佐上自製雞醬汁，口感軟嫩甜潤，鮮美非常。

「神農獎台灣黑豚豬小排」，則精選榮獲台灣十大神農獎的黑豚，飼養過程不僅完全不用藥物，且採用有機酵母及有機硒元素，搭配非基改飼料精心飼養，肉質鮮醇多汁，料理至八分熟帶有粉紅色澤，口感Q嫩，再淋上主廚特製醬汁，完美提升風味。而不論是海鮮還是肉品主餐，主廚都會搭配炙烤的時令小農蔬菜，簡單的美味，卻沒有一樣製程步驟是簡略的。

做菜，是一件各方面力求完美的事

吃飯時，客人可以望進透明玻璃後的Lin，正率領著和她一樣年輕的團隊，在麻雀雖小、設備五臟俱全的潔淨廚房裡，為出菜而努力不懈的工作姿態。Lin的個性嚴謹不多言，臉容多半嚴肅、專注地盯著爐

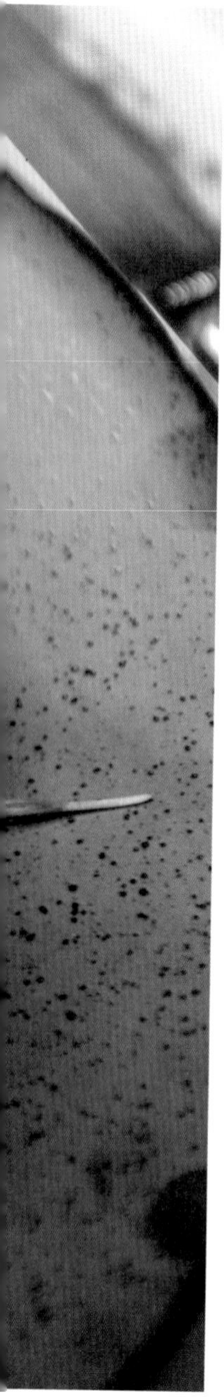

「神農獎台灣黑豚豬小排」，精選榮獲台灣十大神農獎的優質黑豚肉。

放了許多友善白蝦與蛤蠣的青醬蝴蝶麵，口味相當清爽的一道海鮮主餐。

火與餐盤，冰箱裡的食材都是她環島上山下海所尋獲，對她來說，做菜必須在各方面力求完美，聽到客人的讚美，她會欠身表示謝意，稍稍露出靦腆、內斂的微笑，旋即又轉身進廚房去看顧爐子上的高湯了。

事實上從湯品開始，「Ile島嶼」就展現了強烈的企圖心。我今天喝的這一盅「小農蕪菁濃湯」，將新鮮有機蕪菁煮熟後，以調理機打到極細緻柔滑狀態，再與高湯一起小火煨煮，讓本土蕪菁的天然清甜也有歐式料理的面貌，最後再用西班牙紅椒粉和新鮮山蘿蔔葉提味點綴，美美又開胃的蕪菁濃湯於焉完成。

廚房內外場看到一個嚴謹專注、追求完美的團隊。

蕪菁呀蕪菁，原來除了中式醃漬或涼拌，你也有西式變化的可能，不禁啟發我對蕪菁的想像，也許下次在家裡我可以試著用蕪菁來做披薩……

Lin 和 Eva 先後推出了森林栗子濃湯、手剝澎湖三點蟹肉與咖哩美乃滋的合奏沙拉、埔里時蔬燉飯、澎湖軟絲池上米燉飯、辣味台東雞、台灣黑豚帶骨豬小排等佳餚，在歐美大陸修習廚藝多年的台東女孩，如今落腳於台北木柵僻靜小巷的小館，讓每一樣島上的禽肉蔬果，在餐桌上綻放出高雅細膩的光彩，成為我心中「值得專程前往的餐廳」。

手工果醬遇上法式甜點

啊如何能遺漏甜點，那美好一頓飯的句號。

喜歡吃甜點的孩子和大人，來到這裡將覺得「如何是好」。擅長甜點設計的Eva，先後做了盈滿香草及萊姆酒香的可麗露、香橙磅蛋糕、珍珠檸檬塔、草莓千層蛋糕、香橙蜂蜜舒芙蕾……他們更喜歡隨著季節製作當令果醬，運用在各式各樣的甜點中。

像是「芒果金桔優格」，主體是近年流行的希臘優格，但自製的芒果金桔醬讓這道甜點變得非比尋常，與特選小農龍眼蜜融合在優格裡，質地綿密口感濃郁，又有馥郁的果香，很受消費者喜愛。而純手工的法式可麗餅，也會搭配不同的季節果醬，為奶香濃郁的軟綿餅皮，增添酸香迷人的氣味。

雖然來到法式海鮮店，然而甜點控在島嶼餐廳，也隨著節氣變化，品嚐到點點新意。

番紅花今日菜單

開胃小點

小小一口，結合了醃製噶瑪蘭豬五花、番茄丁與生菜的酥脆口感，精緻又巧妙的美味小點。

小農生菜沙拉

集合了埔里小農玉米筍、杏鮑菇、芳苑友善生菜，以及手剝澎湖三點蟹肉，搭配咖哩美乃滋，是一道爽口又澎湃的海陸沙拉。

小農蕪菁濃湯

新鮮蕪菁煮熟後，以調理機打到極細緻柔滑狀態，再與高湯一起小火煨煮，一些西班牙紅椒粉和山蘿蔔葉提味點綴，相當天然清甜，滑順純粹。

澎湖野生明蝦

來自澎湖的野生大明蝦，肉質Q軟，用澄清奶油及葛洪鹽之花調味後，烤出Q嫩彈牙的口感；再沾上主廚自製的甜菜根醬汁，實為神來一筆的搭配！

小農蔬菜青醬蝴蝶麵

青醬蝴蝶麵放上了友善白蝦與蛤蠣，更有數量與種類都不少的蔬菜，包括花椰菜、茄子、鮮香菇與櫛瓜等等，相當清爽的一道海鮮主餐。

花蓮櫻花鴨胸

選用花東縱谷合格飼養的「櫻花鴨」，連皮帶肉整塊鴨胸煎炙，佐上自製雞醬汁，口感軟嫩甜潤。配菜則有埔里57號烤地瓜、茄子與高麗菜苗相輔相成。

神農獎台灣黑豚豬小排

精選榮獲台灣十大神農獎的黑豚，品質優良肉質鮮美，料理至八分熟帶有粉紅色澤，口感Q嫩，再淋上主廚特製的雞醬汁，肉品風味層次更多。

法式可麗餅

使用榛果奶油調製可麗餅麵糊，完成後淋上台灣在地的龍眼蜂蜜，餅皮軟綿奶香十足；搭配一旁的自製玫瑰葡萄果醬，酸甜滋味十分融合。

芒果金桔優格

自製芒果金桔醬，加上希臘優格與特選小農龍眼蜜，食用花點綴其間，一道好看又美味的飯後甜點。

（菜單將會不定時變換，以當日、當季餐廳呈現為主）

Ile 島嶼法式海鮮　｜法式料理｜

台北市文山區一壽街16號

02-8661-0257（歡迎事先預約）

11:30-14:00、18:00-22:00／週日公休

Facebook：Ile 島嶼法式海鮮

★ 個別餐廳營業時間與訂位規則，請參考餐廳營業資訊

新竹橫山

大山北月

磨亮深山廢棄校舍，端出風土慢食

來的時候是秋天，
這季節的「大山北月」清風怡人，
野薑花處處綻放，
台3線特色農產
被巧妙地運用在一套一套的餐點裡，
我熱愛的仙草與冷麵協奏在一起，
而新竹柑橘則成為在地的精釀啤酒……

晚來而沒吃到的苦瓜糖

位於新竹橫山鄉深山裡的「大山北月」，創辦人莊凱詠與他的伴侶吳宜靜，攜手醞釀、開發、守護許多有趣的好東西，讓你在離開那座山以後，忍不住頻頻回首，想一再回訪。就先從那一天喜愛法式軟糖的我，卻沒能吃到的「苦瓜糖」開始說起吧！

苦瓜是台灣人日常餐桌的特色瓜果，愛者恆愛，葷蔬皆宜。尤其把它和梅干菜、五花肉、醬油一起燉煮，更是受歡迎的白飯殺手媽媽味。而苦瓜糖我可從來沒聽過。只有在大山北月夏季才買得到的手工限量苦瓜糖，緣起自山中採友善農法種植苦瓜的小農阿姨，她的作物外觀醜且售價拚不過慣行農法的苦瓜，導致銷量停滯，阿姨為此苦惱不已。

莊凱詠知道小農阿姨的苦瓜困境後，決定幫她尋找出路。他想，既然新鮮苦瓜未能馬上賣掉，且現代人不愛吃苦，愛吃甜點，不如將這些苦瓜加工、延長保存期限，有個華麗轉身的機會。他們在法式軟糖和中式冬瓜糖的作法中不斷嘗試，經過無數次失敗，吃掉許多焦黑的失敗品，最後終於成功研發出既苦又甜的獨特「苦瓜糖」，並且順利完售，此後成了「大山北月」節氣限量的明星商品。

也因為這個夏季限定的苦瓜糖，在我來的時候早已賣光了，雖有憾恨，但這何嘗不是風物詩的一種呢。

大地風土的金黃獻禮

大山北月的時間，係追隨季節的流動而更迭，過了夏季拌炒苦瓜糖的時節，莊凱詠與吳宜靜接著在野薑花盛開的山林裡，等待柑橘的登場。許多老客人甚愛坐在庭院老樹下，啜飲極具新竹特色的茂谷啤酒，這個以新竹大山背在地有機茂谷柑與德國啤酒花所激撞出的清新涼飲。

此地大山背的柑橘品質奇佳，因它位於大崎棟山的背風處，地形向陽，能量豐沛的陽光和適宜的緯度與高度，一整年強化了光合作用有利於糖分累積，使柑橘酸甜平衡、果酸和果香的風味甚是迷人。大山北月除了販售大山背休閒農場精釀的茂谷啤酒，在晚冬時節也與在地柑橘農合作，挑選市面上少見的九種

柑橘，搭配手工客家桔醬，組合成金黃澄燦、討喜美麗的「十分桔利年節禮盒」，而「冰糖蜂蜜火燒柑蜜橘片」，經過六十小時的烘乾熬煮淬煉，更是殘酷限量的手工甜點逸品，讓柑橘控大大的滿足。

這些善用在地優質農產的巧思，大力推動新竹柑橘的能見度與價值，也顯示出畢業於清大服務科學研究所、將「以行動者網路理論，分析大山北月服務創新之歷程與結果」為碩士論文的莊凱詠，他對於地方創生的熱忱、洞見力與執行力。

（右）呼應前身為廢棄國小的背景，
來到大山北月用餐可以坐到令人懷念的小學課桌椅，就連菜單也設計成部編課本及測驗卷的形式。
（左）漫畫家劉興欽是豐鄉國小最知名的校友，大山北月團隊也特別設置了漫畫家的專區，讓人驚喜！

點亮大山背的精神燈塔

大山北月並未滿足於「全台最佳景觀餐廳」的讚譽，莊凱詠經常提起日本「越後妻有大地藝術季」的策展人北川富朗所說：「廢校，不僅僅意味著建築物消失不見，也代表著地區的精神燈塔熄滅，然而學校是這個地區曾經有人生活的象徵，因此就算不得不廢校，也必須以另一種實際面貌保存下來。」這段話成為莊凱詠為「大山北月」思考、規畫每一個階段性未來時，最重要的理念支撐。

大山北月現址原是廢校已三十餘年的豐鄉國小。豐鄉國小是日治時期「橫山公學校」的大山背分校，係為了豐鄉、豐田與南昌三個村落的孩子而於一九二三年設立，台灣光復後改名「豐鄉國小」。漫畫家劉興欽即為豐鄉國小最知名的校友，漫畫作品《放牛校長與阿欽》和《丁老師》，描繪的就是他在豐鄉國小的童年場景與回憶。

透過招標程序，莊凱詠正式跟鄉公所取得土地使用權。團隊於二〇一四年進駐，他和吳宜靜將日治時期留下來的廢棄學校，整合在地農業資源，策畫一波又一波的自然生態與文藝活動，讓新竹台3線的豐富人文，活躍在海內外旅人的眼前。

新竹物產醞釀出山月慢食

於是菜單的設計也就不俗了。執意不走討喜的大眾路線，莊凱詠跑遍台3線上關西、橫山、竹東、北埔、峨眉等五鄉鎮去尋找在地好滋味，和女友吳宜靜設計出「山月慢食套餐」，成為你我認識新竹傳統飲食文化的起點。

像是來到大山北月才吃得到的「仙草冷麵」套餐，就使用了峨嵋的東方美人茶香檳、橫山鄉間的窯烤麵包、竹東的手工麻糬、北埔的擂茶冰沙、關山的仙草……將新竹人最引以為傲的美食記憶串連起來，落實地方經濟的活化與再生。而「彎月豚麵」套餐，除了同樣擁有「新竹口味」的附餐，主菜「彎月豬肉」，是選用帶有軟骨的豬肩胛骨，據說是月子餐常用的滋補材料，再搭配熬煮多時的中藥湯頭，一趟路上山，先來這一碗清香甘口

的拉麵，會是極佳的選擇。

而前菜如東方美人茶、自製天然酵母菌和石窯烘焙的雜糧麵包，也稱職地清亮了客人的味蕾。最受小朋友喜愛的「玄米冰淇淋」，則起自一場美麗的意外，某天因為不小心將咖啡打翻在台東有機糙米所做成的玄米冰淇淋上，突然發現這風味搭配甚是美好，遂正式成為套餐的甜點。

莊凱詠與吳宜靜用心於餐飲，但他們心目中的大山北月，不只是簡餐店、文創園區，更是一個保存、發揚在地文化的學習空間，甚至可以成為策畫在地文化教育的最佳場地。

莊凱詠曾說，期待大山北月成為新興型態的開放博物館，運用策展的概念，提升新竹台3線地區的生活藝術，並融合在地文化，創造在地的藝術底蘊。

藏納在橫山深處的大山北月一片寂靜，望著落地窗外的群峰層疊，享用暖暖美食，最後再來一杯黑咖啡或東方美人，山中歲月沒有了憂愁。

「靜下心，聆聽大山的故事。」

番紅花今日菜單

（菜單將會不定時變換，以當日、當季餐廳呈現為主）

仙草冷麵

大山北月研發的創新吃法，用關西手工仙草結合芝麻冰淇淋、堅果沙拉與涼麵的創意組合，套餐包含東方美人茶、天然窯烤麵包、客家麻糬與養生擂茶。

彎月豚麵

選用帶有軟骨的豬肩胛骨，是相當滋補的豬肉部位，搭配七十二小時熬煮的中藥湯頭，燉煮成一碗清香甘口的拉麵；因為豬肉形狀像月亮而命名為「彎月」。

玄米冰淇淋

以台東的有機糙米手工製作成的玄米冰淇淋，質地滑順，口感清爽，灑上些許咖啡粉，更增添乳製品的迷人風味。

柑橘啤酒

來自新竹大山背地區種植的有機茂谷柑，精釀成風味獨特、口感清爽的啤酒。過程以原汁加入，不用香精，開瓶即有一股淡淡的茂谷柑香氣。

大山北月 ｜麵食套餐｜

新竹縣橫山鄉豐鄉村大山背 5 鄰 80 號

03-593-6439

週二至週五 10:30-17:00、週末至週日 10:00-17:00 ／週一公休

Facebook：大山北月

官網：http://www.bighillnorthmoon.tw

★ 個別餐廳營業時間與訂位規則，請參考餐廳營業資訊

新竹東區

車庫餐廳

竹科園區的活力綠餐桌

新竹科學園區裡頭
有家餐廳名叫「車庫」，
位置所在地是前科管局汽車保養修護廠，
是老建物，也是三十六年前的竹科發源地。
但別以為只有竹科員工才能進來用餐，
「車庫餐廳」歡迎每一位外地客
走進「神祕」的新竹科學園區，
享用一頓融合在地友善食材的綠色餐飲。

不只是做行銷寫故事而已

「車庫」的餐點設計中西式並進，選用許多桃竹苗地區小農的有機作物，烹調以美味為前提，但「好吃」只是車庫的基本主張！餐廳創辦人之一的陳來助，參專業與事業有成，曾任友達總經理，出身自與台灣第一座八吋晶圓廠設立，尖端科技背景的他，看待台灣農業發展的角度，自然與一般人不同。他認為農業不應只是停滯在供應鏈的分配、做行銷、寫故事和開箱文而已，應該提升「保鮮」和「滅菌」這兩個技術上的創新，才能有效拉起台灣農業的價值。

過去投身高科技產業數十年，如今陳來

助試著用直白親民的語彙這麼解釋：「所有農產品冷凍的過程，它的冰晶層會把細胞膜撐破，荔枝就是一個例子，一撐破的時候你再來解凍，荔枝就不好吃了。我們現在發展一個全新的超級冷凍技術，細胞膜的冰晶層不會把它撐破，所以客人在解凍時，就跟新鮮現吃的一樣，這才是真的讓農業有所提升。」

來吃一尾「高科技」的虱目魚

於是我點了以「微晶冷凍技術」處理的「鹽烤虱目魚」，體驗此高科技保存魚鮮的功力。車庫所選用的虱目魚，來自台南北門沿海地區，一提起虱目魚，馬上會聯想到牠渾身上下的兩百多根刺，密密如羽、尖如細針，雖然蛋白質營養價值豐富，但唯恐一不小心被刺噎著，還是讓許多人聞之卻步。

為了突破這層障礙，讓客人放心享受虱目魚的美好風味，車庫特地聘請台南北門當地的專業去刺職人，以其數十年「摸骨神技」來去刺。她技

術純熟，從魚頭到魚尾，連最難去除的魚背刺，也能去除得乾乾淨淨，並保留全尾完整漂亮的體型，經此去刺過程，即使是不諳吃魚的小朋友，也能安心下肚。

專業去刺後的虱目魚，使用微晶冷凍技術，利用電、磁、量子共振技術，將水分子變小，冰晶變細，完整保存魚肉的鮮度。解凍時既沒有血水的困擾，也節省了處理魚骨、內臟的時間，魚肉的鮮美被成功保存，車庫主廚僅需以鹽和米酒簡單調味，穩定、溫柔的中火慢慢烤，以逼出多餘的油脂，最後再襯上焦糖般的洋蔥絲，讓魚肉的甜與洋蔥的甜，引出迷人討喜的台灣味。

科技園區裡的人文角落

「車庫」的客人不僅有慕名而來的外地客和園區內的上班族，也經常有國外差旅至此觀廠的外籍專業人士，開完會以後，竹科主管和老闆們往往邀請這些重要外籍客戶，前往車庫餐廳用餐。來自國內外四面八方的高素質客人，加上陳來助最高規格的嚴謹創業精神，驅使車庫團隊的經營態度，力求從裡到外一致性的完美。

因此原是汽車修護廠的老建物，被打造成一個溫暖而俐落的人文空間，希望將台灣獨特的「科技島及人情味」揉合，在新竹科學園區中心，提供一個思考「現在與未來」、「傳統與創新」的餐飲之地。

一進門馬上被餐廳中心的木頭樹給吸引，車庫與「築樂居」設計團隊合作，除了選用質樸的木材營造出空間的溫潤感，更採用 OLED 健康光源，從象徵友善大地的大樹意象中片片垂落，彎曲的角度拉出層次感，讓追求健康無添加的用餐環境更添亮點。

OLED 健康光源有接近太陽自然光的高顯色特性，最能呈現食材的原色，加上車庫堅持的輕料理方式，綻放出全方位的五感體驗，更打破一般人對科技園區的「冰冷」印象，讓科技人在忙碌倥傯之際，有一處滿滿綠意和大自然意象濃厚的角落，好好吃頓飯或喝杯啤酒。

台灣各路好食材的昇華之地

創辦人陳來助從「奈米到稻米」這條路，也具體反映在米飯的推廣上。客人在這裡吃到的米是「DoRoKo

穀」，產自苗栗三義鄉鯉魚社區，這裡有一條「DoRoKo溪」，當地原住民巴宰族語「作物繁盛」的意思，稻農以水庫壩口底的乾淨水源，來灌溉「台中194」，以自然農法方式耕種出天然香米，在二○一六年獲苗栗縣政府「貓裏老時味」的品牌認證。

麵食主義者也有好選擇。主廚巧思設計了「厚雞湯煨麵線」，麵線最怕爛糊，車庫的麵線是苗栗苑裡喜願契作的國產小麥麵線，麵粉香氣濃郁口感結實，軟而不爛的麵線令人驚喜。而精心熬煮的褐色雞高湯，以四川大紅袍花椒去提襯出溫柔的川味，微麻渾厚而不膩口，是一款川花椒煨湯與傳統雞高湯完美結合的全新燉品，讓麵線從慣常小吃也能有華麗精緻的呈現，是好川味者在這裡用餐的小確幸。

車庫的菜單設計相當多元豐富，除了飽足感滿滿的套餐，廚房也供應自製的手工麵食小點，像是厚片蔥油餅以及葷素皆有的煎餃。這些點心的內餡食材一點也不馬虎，蔥油餅捨棄了一般常見的慣行蔥，改用來自雲林農場、不用農藥的無毒青蔥；餃子的內餡則選用自然農法栽種的蔬菜，更以本地麵粉手擀製成。

落地窗外的滿眼綠意，讓人忍不住想坐久一點，喝點什麼，放鬆或放空都好。我喜歡車庫所挑選的在地精釀啤酒，這幾年在台灣遍地開花的精釀啤酒風潮，尤其來綠色餐廳不宜錯過。新竹香山的「酉時水鮮釀啤酒」，以水、大麥麥芽、煙燻麥芽、啤酒花和酵母，採用艾爾蘭古法釀造，酒體渾圓飽滿，喉韻深遠，濃濃的柑橘和熱帶水果香氣從喉頭直衝腦門，煙燻的尾韻冰涼舒心。

不論是商務或家族親友聚會，位於竹科內的「車庫餐廳」，以徹底綠色的餐飲食材、美學和廚藝，提供美味的餐酒茶，他們構實了完整的從產地到餐桌；特色強烈，氛圍坦適，讓晶圓與面板冰冷的銀色與灰色天際線，有了一片綠的溫暖。

番紅花今日菜單

鹽烤虱目魚襯焦糖洋蔥

經過專業去刺並以微晶冷凍技術處理過的虱目魚，些許的鹽及米酒簡單調味後，用中火慢烤；套餐附有友善耕作的無毒香米飯、時蔬、自家甜點與風味飲料。

厚雞湯煨麵線

西式褐色雞高湯遇上四川大紅袍花椒，搭配苗栗苑裡的喜願麵線，輕溫補無負擔，帶點微麻、渾厚而不膩口的煨湯。

素菇貓煎餃

內餡採用自然農法栽種的過貓、珊瑚菇、紅蘿蔔、黑木耳，再加入過濾水泡發的乾香菇及粉絲細切拌勻製成，外皮選用本地麵粉擀揉，口感Q彈而紮實。

手擀厚片蔥油餅

使用晁陽太陽能農場自產的無毒青蔥，不用農藥也不用有害化肥。青蔥切段後豪邁地鋪在麵皮裡，無添加防腐劑及味精，吃得到新鮮蔥餡的自然香甜，微鹹不膩。

（菜單將會不定時變換，以當日、當季餐廳呈現為主）

車庫餐廳 ｜無國界料理｜

新竹市東區新安路 2-2 號（科管局活動中心 B 館）

03-666-9879

平日 11:00-17:30／週末、週日公休

Facebook：竹科車庫餐廳

官網：shako-restaurant.com

★ 個別餐廳營業時間與訂位規則，請參考餐廳營業資訊

台中太平

施雜貨

赤牛仔一家人「惜物惜食」的生活風格選店

施雜貨想傳遞的「愛物精神」，
正是他們一家三代
在這個老屋底下的共同創作。
他們彼此愛著、理解著、鼓勵著、支持著，
使遠離鬧區的施雜貨，
於靜巷裡熠熠生輝。

「家」的再延伸

說起台中太平區，多數人首先聯想起的，應該是「台灣的枇杷原鄉」，每年由當地區公所舉辦「太平枇杷節」，掀開了這丘陵盆地金燦燦的美麗春天。而小小的「施雜貨」，在太平區小巷弄間透著暈黃溫暖的燈光，不張揚不喧譁，竟也安安穩穩地即將邁向第六年。

施雜貨不是你想像中那種什麼都有的雜貨店，但也確實「有點雜」，從文青媽媽的家常無菜單料理，阿嬤親手縫製的布衣，爸爸以廢棄汽車零件所親手設計製造的燈具和家庭生活用品，乃至女兒備受讚譽的烘焙點心、藝術家女婿癡迷的手沖咖啡……吃的喝的穿的用的統統有。而來到這兒，可不只是吃一頓美味的套餐而已，這裡的故事太多，以致於如果你喜愛傾聽人生路上追索理想、追尋愛的種種真實，那麼這間風情獨具的小雜貨店，能讓你待上半天也不覺時光流逝。

溫柔的媽媽味，遠近馳名的家常酸筍

我來施雜貨吃飯的這天適逢週三，是阿福哥親自從苗栗大湖下山，配送放牧土雞蛋到店的日子。黝黑結實的阿福哥專種自然農法草莓，同時也放養健康快樂的蛋雞在山裡成長跑跳，他的人道飼養雞蛋不僅新鮮且蛋香濃郁，這樣的高品質雞蛋，正是施雜貨主廚阿默的蛋料理關鍵。面對如此靦腆憨厚的生產者，阿默和芫芫卻以最熱情的聲調告訴我阿福哥的雞蛋有多香又多香，引得我更期待阿默「酸筍煎蛋」的上場。

醬筍、酸筍可都是廚娘阿默馳名江湖的手工發酵食材，在《我生命中的花草樹木》這本書裡，阿默便寫下：「生長在多竹的鄉下，吃筍於我從來是不需經過考慮的事情，長年，筍是我餐桌上的一道菜，在產筍的季節裡我嚐鮮，過了產期我就開甕挖出醃漬的、曬乾的，風味更佳，吃起來心情更美。」顯然是位筍達人。

來到施雜貨，溫暖怡人的氛圍，從舊物、飲食到那陣陣咖啡香氣，讓人就像回到家一樣溫馨。

每年八月值麻竹筍盛產，阿默與先生「赤牛仔」即相偕上南投鹿谷的山林，這裡有一小座她用心守護三十年的麻竹林，仍保持著林相的原始多樣性。阿默年年手腳俐落地鋸筍、切筍、醃漬筍，除了自己吃，也在店內的木架上，陳列著一罐一罐酸筍和醬筍販售，質樸的包裝，卻蘊含台灣民間愛筍惜筍的好味道。

阿默的手做酸筍罐，因緣際會輾轉送到飲食文學名家蔡珠兒的手上，蔡珠兒本來就是阿默的偶像，沒想到突然讀到偶像在個人臉書上讚許她的酸筍「芳美生脆，酸味乾淨明亮」。提起這件事，阿默開懷笑得合不攏嘴，「酸筍煎蛋」遂成為店裡的經典招牌，這也是她兩個女兒從小吃到大的餐桌日常，鹿谷山間的竹筍與阿福哥的放牧雞蛋，在阿默手裡，自此溫柔演繹出台灣媽媽的家常味代表。

蔬果的自然鮮甜就是美味的祕密

這一季的無菜單料理，除了酸筍煎蛋，還有用豆皮緊緊包裹著當令青蔬所煎捲出來的濃郁豆香，搭上「有心肉舖子」肥瘦相宜的國產豬肉，抱緊了嫩敏豆，在油鍋裡捲出外表如稻綑般的豐潤味道；而燉煮了三、四個小時的老火湯，甘美得讓人意外，阿默謙虛說沒有什麼技巧，就是把大量新鮮根莖和葉菜，用耐心和時間，把蔬果的鮮甜給細燉出來。

談到自製酸筍罐被輾轉送到偶像蔡珠兒手上，阿默不自覺露出開心且滿足的神情。

阿默的小女兒芫芫親手打理這家店，她常說她和施雜貨是「生命共同體」，媽媽負責想菜做菜，她負責張羅店裡店外的所有庶務與行銷企畫，為施雜貨設計、製作甜點也是她的主力工作，媽媽把菜做得好，甜點當然也不能落漆！

芫芫熱愛烘焙，她的鮮奶油草莓戚風蛋糕追隨者眾，今天我品嚐到的，是她這陣子愛吃就自己動手做的果乾磅蛋糕，蛋糕體濕潤而不黏膩，果乾香鮮，再搭配一碟摩天嶺世豐果園的甜柿，這飯後甜點完美得讓人想掉淚！採取秀明自然農法的世豐高山甜柿，量少而價高，無農藥無化肥，又甜又脆的風味，早已是柿子愛好者心中的夢幻逸品，而施雜貨就是拿它來款待客人的。

三代合力的共同創作

成就施雜貨整間店的溫柔的，不只是阿默母女在料理上的四手聯彈，八十八歲阿嬤以舊衣和新布所設計、裁縫出來的棉麻材質背心、洋

裝、長褲，一件一件被孫女芫芫以名家作品般，珍重、禮遇地垂掛在店裡的老木櫃裡。暈柔燈光下，每件衣服都柔軟得讓人想擁有，穿在身上，應該舒服得像是被雲裹著吧。

芫芫直接幫阿嬤的手做衣訂了個響亮品牌名：「施鄭素月」，她笑著說，不管別人怎麼想，阿嬤就是她心中的首席時裝設計師，讓快九十歲的阿嬤有一個舞台去展現她的作品，讓舊衣舊布延續美好的生命，讓大家透過惜物依然可以穿得有型好看，這些就是施雜貨始終想傳遞的「愛物精神」，也是她們一家三代在這個老屋底下的共同創作。他們彼此愛著、理解著、鼓勵著、支持著，使遠離鬧區的施雜貨，於靜巷裡熠熠生輝。

最後請記得踏上二樓的木造小閣樓，以漂流木和廢棄木所蓋成的小空間裡，是流浪貓的安心之所，更是爸爸「赤牛仔」的祕密手做天堂，透麗天然光線下，每一個廢棄汽車鐵件宛如重獲新生，成為一盞一盞造型獨特的藝術燈座。

爸爸「赤牛仔」有著一雙改造舊鐵件的巧手，儼然是施雜貨的駐店藝術家。

開了一輩子修車廠的赤牛仔，退休之後，捨不得將這些汽車零件報廢，看著太太阿默忙著做菜，女兒忙著做甜點招呼客人，媽媽忙著踩裁縫車做衣服……個性最內斂低調的他，就把這些相伴一輩子的汽車廢棄鐵件，重新打造、鍛鑄、拋光，成為燈具、門把、椅座，天馬行空，巧思立體，客人來到這裡，無不嘖嘖稱奇，愛不釋手。不再當黑手的赤牛仔，從此成為施雜貨的駐店藝術家。

以其精巧、多元的營業內容，施雜貨豐厚體現了綠色永續的核心價值，綠色不僅守護天地萬物，也可以好吃好看、有型有款，讓全家人團結在一起，擁有一家「理想生活」的小店。阿默說，「施雜貨」不會讓我的孩子發大財，但可以讓我們「有點力道地活著」，讓我們的竹林筍每年都健健康康地餵養我們，讓客人吃得舒服安心，那就是我最想要的貼近土地的美好。

何止是「有點力道」呢！阿默全家人在這堅韌之島所導入的綠色生活，強勁動人，力道十足，夢想一步一步地實踐，「施雜貨」每一天都飄香。

番紅花今日菜單

西瓜綿

阿默珍惜食材的表現。取下白色部份的西瓜果肉，發酵約一星期後切細絲，用油、糖及醬油炒香，讓邊角食材回到餐桌上。

酸筍煎蛋

管護超過 30 年的竹林，採野放不施肥，產出的麻竹苦澀，經過發酵轉換成豐富滋味，煮雞湯、魚湯皆美味。

豆皮青蔬卷

有機黃豆製作成的新鮮豆包（蒸熟非油炸），包裹季節蔬菜，用小火慢煎而成。

豬肉捲

使用「有心肉舖子」國產豬肉，詳細生產履歷，屠宰到急速冷凍真空包裝的過程皆在 15 度的環境，保持肉品新鮮美味。

（菜單將會不定時變換，以當日、當季餐廳呈現為主）

辣炒玻璃菜

阿默年輕時曾至台北家庭幫傭，女主人時常帶著阿默去市場採買並教會她許多家常菜，這道菜記錄著阿默的成長滋味。

老火湯

老薑與牛蒡煸香後，加入南瓜與季節食材用小火慢煮 2-3 小時，只加入少許鹽巴調整鹹度，湯頭飽滿呈現食材本身的甜味與香氣。

果乾磅蛋糕

水果酵素打撈後通常果肉會被丟棄，但其實果肉經過發酵轉換滋味豐富，帶點迷人酒氣與台灣本土小麥一起製成果乾磅蛋糕。

自然農法高山甜柿

世豐菓園堅持以無農藥，無肥料的秀明自然農法來耕作這片土地，努力營造一個與萬物共生的園地，尊重自然，順應自然為原則。

施雜貨　｜生活手作＆無菜單料理｜

台中市太平區中山路二段 261-1 號

04-2392-5885

週三～週日 11:30 ～ 15:30（無菜單料理供餐時間 11:30 ～ 14:00）／週一、二公休

Facebook：施雜貨

★ 個別餐廳營業時間與訂位規則，請參考餐廳營業資訊

高雄新興

龜時間 good time

跟隨大地節氣，
走在自己的時間裡

把一切的時間都慢下來，
讓瑪芬和蛋糕統統都上，
泡一壺高雄寶山部落的「山紅茶」，
讓龜時間將四季節氣，
山裡的、平原的，
都跳躍在我們的舌尖上，
吃進我們的肚腹和靈魂裡。

懷舊的空間，從容的時間

看到「龜時間 goöod time」推出新菜單「南瓜法式吐司」，這款來自篠原有紀子（Akiko Shinohara）老師的發想，為平凡常見的法式吐司開啟了新想像，有著在地夏日南瓜風味的法式吐司，副佐以一小碟鬆軟綿密的蜜紅豆，不僅是高雄味的，也是法國味的，更有著洋食味……

這是創立「野菜果実 Lab 食物研究室」的篠原有紀子，與高雄龜時間 goöod time 合作多年的默契與風格。如果你是大地料理的愛好者，對本島南方土地的友善食材和日本家庭料理有著熱愛，那麼來到「龜時間」，以龜速品嚐著這兩者激盪而出的餐食、飲品和糕點，一時之間，恍恍惚惚，會分不清自己是身在日本老洋食店，或高雄大港埔的文青咖啡館了。

因為是棟歷史老建物所維修而成的小咖啡館，濃濃的懷舊氛圍中，卻又自然率性地鋪陳出手作的生活感；店裡四處擺放的選書，不論是繪本、小說、食譜，或是香港日本台灣等地的藝文雜誌，每個角落無不流露出主人的質地與個性。安安靜靜在大港埔（美麗島）街區沖煮咖啡、做沖繩塔可飯，有故事、有美感、有食物，遂難免成為網紅打卡拍照的熱門地，但龜時間始終還是龜時間，紅不紅不重要，重要的是，生活本身與食物連結的從容與餘裕。

所以只要龜時間一釋放出「有紀子食堂」的開課時

間，報名額滿就不足為奇了，畢竟還有誰會如龜時間女主人 Trista 那麼瘋狂，竟然不計成本、從日本邀約定期在 NHK、日本 ELLE gourmet 美食專欄等媒體節目介紹節氣飲食和烹飪課程的知名家庭料理老師，來高雄教做菜呢？

南境食材與和風料理的相遇

西瓜生薑甘酒 smoothie、自家製薑汁蘇打 ginger mojito、鹽麴比司吉、美味定食等，篠原有紀子老師因與 Trista 的合作夥伴關係，進而能嫻熟運用高雄的節氣食材。她以在地盛產嫩薑所發展而出的和風料理課程，把杉林有機農友張大哥的嫩薑，巧手變化出一桌的豐富味道，並奠定了龜時間獨特的料理課風格與菜單設計。若喜愛濃濃日本懷舊風情的餐飲，且對在地食材的多元運用有著嚮往，全數採

能藉著漬物與不同季節相遇，是來到龜時間的客人的幸福。

自高屏地方有機農友作物的「龜時間 goöod time」，無疑在這領域有著精采表現。

當高雄桃源寶山部落的樹上，掛滿了自然農法的老欉胭脂梅，掌管廚房大務的 Trista，便忙著大量大量做梅酒、梅糖漿、梅味噌、梅抹醬；而自家製梅汁蘇打，則是使用高雄那瑪夏青梅與杉林區的龍眼蜂蜜，加上糖一起封漬，讓龜時間的客人，能藉著漬物，與兩年前的春天相遇。

每道餐點都如藝術品般對待

想吃飽的話，就別錯過 Trista 的「藝術家洋食塔可飯」。

藝術家洋食理念，源自龜時間樓上的姊妹店「鶴宮寓 hok house」。「鶴宮寓 hok house」是一棟小巧精緻的古蹟 B&B，每年會邀請一組藝術家在其中的 Gallery Suite 進行創作，這款美味健康的「藝術家洋食塔可飯」即是由去年駐點的藝術家——來自日本的「山鳩舍（yamabatosha）」所分享的「悠悠的山鳩舍日常」。

塔可飯的發源地是沖繩，說它是沖繩的靈魂食物也不為過，最經典的吃法是將塔可肉醬淋在白飯上，接

龜時間的招牌餐點一藝術家洋食塔可飯，
每道工序都充滿著主廚 Trista 的愛意。

龜時間的手作甜點
將平時入菜的食材完美揉合成清芬怡人、
甜而不膩的絕妙滋味。

著鋪排起司、生菜和番茄等蔬菜，最後再淋上莎莎醬。經過數小時熬煮的肉醬，與高度費心處理的新鮮多汁生菜，成就了高雄地方少有餐廳供應的塔可飯，也成為龜時間的招牌餐點。Trista 只要一說到塔可飯的生菜，兩眼就閃閃發光，一點也沒有把生菜當作是配角的意思，更別提熬煮大鍋肉醬時她滿滿的愛意，完美演繹了濃郁綿柔的墨西哥風味。

而餐後甜點是要來一份「鹽麴黑糖芭蕉瑪芬」，還是嚐一塊「瑪斯卡彭起司鮮奶油生薑紅蘿蔔蛋糕」？

坐在精巧舒適的古董木椅上，我陷入了掙扎的兩難。若你和我一樣對大地風格飲食有著無法自拔的偏愛，那麼你不難理解這份如獲知音般的選擇障礙。「生薑紅蘿蔔蛋糕」聽起來很大人味，龜時間再一次將本土的薑與胡蘿蔔完美揉合，蛋糕上塗抹了厚厚一層如油畫般霧面質感的馬斯卡彭起司鮮奶油，鮮明

的對比色使這款漂亮又好吃的蛋糕，成為 IG 上的大人氣；但脆脆的「鹽麴黑糖芭蕉瑪芬」也讓人嘴饞不已……

那，乾脆把一切的時間都慢下來，讓瑪芬和蛋糕統統都上，泡一壺高雄寶山部落的「山紅茶」，把四季節氣，山裡的、平原的，都跳躍在我們的舌尖上，吃進我們的肚腹和靈魂裡。

這裡有著理想南方城市的文青生活模樣。書好看，房子古典，生活器物擺設有質有致，一切食物的選用和烹調，既美又追求節氣時令。別再說高雄「又老又窮」了，歡迎來到大港埔龜時間，感受高雄年輕世代對餐飲經營的浪漫勇氣與理想。

在這裡，青梅有一百種呈現可能，本土紅甘蔗也可以調為時髦的氣泡蘇打飲，鯖魚和鳳梨可以料理成美味的三明治，鹽麴蔬菜湯是季節的溫柔，「龜時間」和農夫攜手創造餐盤的細緻調性，若你不介意活成一隻享受吃、感受美、節奏慢、讀書自娛的龜，那就來這裡吧。

沖繩塔可飯

把豬絞肉與數種辛香料、洋蔥、番茄和其他蔬果慢火熬煮成墨西哥肉醬，淋在鋪滿新鮮生菜和起司的米飯上，佐以自製水泡菜，讓人大呼過癮。

香烤鯖魚三明治

天然酵母製作的法國麵包，包入肥美的鹽烤鯖魚、烤鳳梨、番茄、新鮮洋蔥和季節生菜。是一道清爽，又可以享受鯖魚特有細緻風味的三明治。

馬斯卡彭起司鮮奶油生薑紅蘿蔔蛋糕

龜時間的大人氣甜點。將麵粉用日本菜籽油、蛋、紅蘿蔔、蜂蜜、烤香的核桃、橙酒一起烘烤，最後抹上馬斯卡彭起司。特別加了以香料和砂糖醃漬過的生薑，增加香氣和口感。

招牌鹽麴比司吉

排除奶油、泡打粉，使用菜籽油與鹽麴的比司吉讓內層鬆軟。烘烤時抹上了自製味醂糖漿，所以外層酥酥脆脆；在店內食用，可佐上自製的豆漿卡士達和季節果醬。

招牌鹽麴餅乾組合

和鹽麴比司吉成分完全相同的招牌鹽麴餅乾。比例與尺寸稍作調整成酥脆感，造型童趣，很受小孩的歡迎。在店內食用，也會附上自製的豆漿卡士達和季節果醬。

義大利風摩卡奶酪佐糖漬柑橘

加入鮮奶油、鮮奶、expresso 和一點酒製作成的摩卡奶酪，每個季節都會搭配不同的自製蜜漬水果。冬春是柑橘，夏天是芒果，秋天是柿子。

Soya 拉昔

和日本插畫家 Miyagi Chika(山鳩舍)合作開發的一款飲料。使用豆漿、龍眼蜂蜜和檸檬汁做成的調飲，有 lassi（印度的優格飲料）口感，和沖繩塔可飯絕配。

自家製薑汁蘇打

將產自高雄郊山區的新鮮嫩薑，和香料、白糖、紅糖一起發酵成薑汁，辛香感十足；把發酵完的薑汁摻入蘇打水和薄荷之中，天熱的時候喝非常暢快。

自家製菊花金桔茶

龜時間冬春限定的花果茶。使用冬天的生鳳梨，還沒轉黃的綠金桔、菊花和冰糖慢火熬煮成的金桔醬，不管做成冷飲或熱飲，喝起來都很舒服。

（菜單將會不定時變換，以當日、當季餐廳呈現為主）

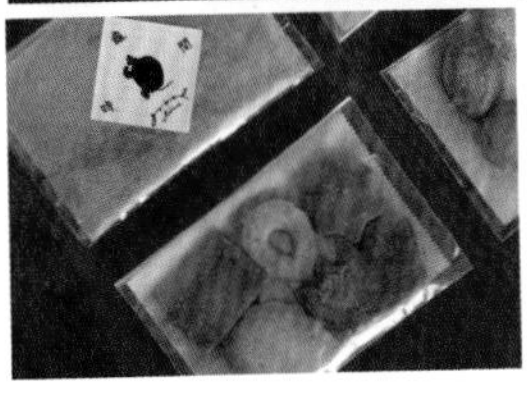

龜時間 goöod time　|咖啡館・日式雜貨|

高雄市新興區中正四路 41 號

07 201 1566

10:00～18:00／每週二、三公休

facebook：龜時間 goöod time

★ 個別餐廳營業時間與訂位規則，請參考餐廳營業資訊

友善食材供應店家推薦

蔬果

水花園有機農學市集	當季有機蔬果、農產加工	https://www.facebook.com/organicfarmersmarket/
合樸農學市集	當季有機蔬果、農產加工	https://www.facebook.com/hopemarket/
微風市集	當季有機蔬果、農產加工	https://www.facebook.com/breezemarket
碧蘿村有機農場	當季有機蔬果、農產加工	https://www.bilocun.com.tw/
武高田	當季有機蔬果、農產加工	https://www.wkt.com.tw
友善大地有機聯盟	當季葉菜、香草	https://www.facebook.com/earthfriend.organic/
香草野園	香草野園	https://www.facebook.com/VanillaUenoPark/
綠農的家	當季水果	https://www.facebook.com/greenfarmersfamily/

油品

奧利塔 Olitalia	玄米油、橄欖油	http://olitalia.com.tw/index.html
苗林行	Auzure 澳廚 OMEGA9 芥花油	https://www.facebook.com/miaolin1964/
細粒籽	香油	https://www.fineseedoil.com.tw/
崁頂義豐麻油廠	黑麻油	http://www.yf-oil.com/

米

如實製粉	米穀粉	https://www.realseed.com.tw/
新南田董米	高雄 147 香米	https://www.tiandongrice.com.tw/
小農之家	友善耕作益全香米糙米	https://www.facebook.com/littlefarmhome

麵粉

喜願行	白海豚中筋麵粉、有機全麥粉	https://naturallybread.yam.org.tw/
僑泰興企業股份有限公司	嘉禾牌麵粉	https://www.cthmills.com/group/index.php

奶製品

鮮乳坊	小農鮮乳	https://www.ilovemilk.com.tw/
禾香牧場	禾香鮮乳	http://www.hesiang.com.tw/

豆製品

傳貴宏業生機有限公司	有機豆漿、豆腐、豆花	http://www.gwdcz.net/033886629/page1.htm
禾乃川國產豆製所	豆皮、豆干、豆腐	https://www.thecan.com.tw/tw/food/hena
豆之味	豆皮、豆干、板豆腐	https://www.soyaway.com/

肉品

有心肉舖子	豬里肌小排	https://www.withheart.com.tw/
台灣土雞王	桂丁雞	https://shop.gugugoo.com/product.php
究好豬	里肌排	http://www.choicepig.com.tw/
豪野鴨	櫻桃鴨胸	https://www.hoyeh.com.tw/

海鮮

湧升海洋	鬼頭刀	https://www.seafood.com.tw/?lang=zh-TW
邱家兄弟	虱目魚、白蝦	https://www.chiubrothers.net/

醬料

喜樂之泉	薄鹽醬油	https://www.joyspring.com.tw/
永興	白曝蔭油	http://www.yssauce.com.tw/yongsing/

調味料

無思農莊	活鹽麴	https://54farm.mystrikingly.com/
洲南鹽場	洲南。霜鹽	https://taiwansalt.com/
阿金姐工作坊	紫蘇梅、梅汁	https://www.facebook.com/GoldSister.Hakka/
香辛深淵	各式香料粉	http://www.spicechasm.com
香草野園 Vanilla ueno park	新鮮香草	https://www.facebook.com/VanillaUenoPark/

飲品

生態綠	公平貿易咖啡	https://okogreen.com.tw/
綠光農園	翡翠綠茶	https://www.facebook.com/chenluho
禾亮家香草創意坊	自家栽種香草茶包	https://www.facebook.com/PuraVidaHerbs/

其他

知果堂	水果乾	https://www.ourtable.com.tw/
牧蜂農莊	龍眼蜂蜜	https://www.move-bee.com/

國家圖書館出版品預行編目資料

一起到綠色餐廳吃頓飯！：在地友善食材×溫暖節令料理，跟著番紅花走訪全台22家風土餐廳/番紅花著. -- 初版. -- 臺北市 ：麥田出版：英屬蓋曼群島商家庭傳媒股份有限公司城邦分公司發行, 2021.03　面；　公分. -- （麥田航區 12）
ISBN 978-986-344-882-2（平裝）

1.餐廳 2.餐飲業 3.飲食風俗 4.臺灣遊記

483.8

110000537

麥田航區 12

一起到綠色餐廳吃頓飯！

在地友善食材 × 溫暖節令料理
跟著番紅花走訪全台22家風土餐廳

作　　者　番紅花
責任編輯　張桓瑋

國際版權　吳玲緯
行　　銷　巫維真　蘇莞婷　何維民　吳宇軒　陳欣岑
業　　務　李再星　陳紫晴　陳美燕　葉晉源
副總編輯　林秀梅
編輯總監　劉麗真
總 經 理　陳逸瑛
發 行 人　涂玉雲

出　　版　麥田出版
104台北市民生東路二段141號5樓
電話：(886)2-2500-7696　傳真：(886)2-2500-1966、2500-1967
發　　行　英屬蓋曼群島商家庭傳媒股份有限公司城邦分公司
104台北市民生東路二段141號11樓
書虫客服服務專線：(886)2-2500-7718、2500-7719
24小時傳真服務：(886)2-2500-1990、2500-1991
服務時間：週一至週五09:30-12:00・13:30-17:00
郵撥帳號：19863813　戶名：書虫股份有限公司
讀者服務信箱E-mail：service@readingclub.com.tw
麥田部落格：http://ryefield:pixnet.net/blog
麥田出版Facebook：https://www.facebook.com/RyeField.Cite/

香港發行所　城邦（香港）出版集團有限公司
香港灣仔駱克道193號東超商業中心1樓
電話：(852) 2508-6231　傳真：(852) 2578-9337

馬新發行所　城邦（馬新）出版集團【Cite(M)Sdn. Bhd.】
41-3, Jalan Radin Anum, Bandar Baru Sri Petaling,
57000 Kuala Lumpur, Malaysia.
電話：(603) 9056-3833　傳真：(603) 9057-6622
E-mail：cite@cite.com.my

美術設計　謝佳穎
攝　　影　黃名毅、Jimmy Yang（施雜貨）、王倚祈（龜時間）
印　　刷　沐春行銷創意有限公司

初版一刷　2021年3月
定價／450元　ISBN：978-986-344-882-2
城邦讀書花園
www.cite.com.tw